国家出版基金项目
NATIONAL PUBLICATION FOUNDATION

| 新时代生态文明丛书 |

自然生态系统保护与生态文明

刘雪华 / 主编

中国环境出版集团·北京

图书在版编目（CIP）数据

自然生态系统保护与生态文明 / 刘雪华主编. —北京： 中国环境出版集团，2022.4
（新时代生态文明丛书 / 钱易主编）
ISBN 978-7-5111-4658-8

Ⅰ. ①自… Ⅱ. ①刘… Ⅲ. ①生态环境保护－研究 Ⅳ. ①X171.4

中国版本图书馆CIP数据核字（2021）第261552号

审图号：GS（2022）834号

出 版 人	武德凯
责任编辑	丁莞歆
责任校对	任 丽
装帧设计	金 山

出版发行	中国环境出版集团
	（100062 北京市东城区广渠门内大街 16 号）
	网　　址：http://www.cesp.com.cn
	电子邮箱：bjgl@cesp.com.cn
	联系电话：010-67112765（编辑管理部）
	010-67147349（第四分社）
	发行热线：010-67125803，010-67113405（传真）
	印装质量热线：010-67113404
印　　刷	天津科创新彩印刷有限公司
经　　销	各地新华书店
版　　次	2022 年 4 月第 1 版
印　　次	2022 年 4 月第 1 次印刷
开　　本	787×960　1/16
印　　张	16
字　　数	270 千字
定　　价	118.00 元

"新时代生态文明丛书"
编著委员会

主 编

钱 易 院士

副主编

温宗国 教授

成 员

（以姓氏笔画为序）

王 毅 石 磊 刘雪华 金 涌 钱 易

徐 鹤 黄圣彪 梅雪芹 温宗国 潘家华

《自然生态系统保护与生态文明》
编写委员会

主 编

刘雪华

编 委

（以姓氏笔画为序）

吕 植 宇振荣 孙海莲 李迪强

李俊清 杨 锐 吴 波 欧阳志云

高吉喜 雷光春

总　序

随着全球城镇化和工业化的持续推进，世界环境形势日益严峻，对国际政治、经济、贸易及科技发展产生了极其深远的影响，成为构建"人类命运共同体"的主要挑战。目前，低污染、低排放、资源循环利用及对人类和生态系统健康的维系已成为各国政府和人民关注的焦点，全球环境问题的协同治理和绿色可持续发展的逐步推进成为各国的共同愿景。中国正积极参与全球生态建设，成为全球环境治理重要的参与者、贡献者、引领者。当前，迫切需要更多地提出中国方案、贡献中国智慧，以提升中国在全球环境治理中的国际话语权，为国际社会提供更多的公共产品，切实推动构建"人类命运共同体"的全球进程。

党中央和国务院把生态文明建设摆在治国理政的突出位置，明确指出生态环境是关系党的使命、宗旨的重大政治问题，也是关系民生的重大社会问题。党的十八大以来，生态文明建设一直被摆在国家发展的突出位置，已经融入经济建设、政治建设、文化建设和社会建设的各个方面及各项进程之中。党的十九大将建设生态文明提升为中华民族永续发展的千年大计，明确必须树立和践行"绿水青山就是金山银山"的理念，到2035年总体形成节约资源和保护环境的空间格局、产业结构、生产方式、生活方式，生态环境质量实现根本好转，美丽中国的目标基本实现。习近平总书记在2018年全国生态环境保护大会上发表重要讲话，强调要自觉把经济社会发展同生态文明建设统筹起来，着力解决生态环境突出问题，坚决打好污染防治攻坚战，全面推动绿色发展，使我国生态文明建设迈上新台阶。2020年10月，党的十九届五中全会把"生态文明建设实现新进步"作为"十四五"时期经济社会发展的6个主要目标之一，并明确提出了2035年基本实现社会主义现代化的远景目标——广泛形成绿色生产生活方式，碳排放达峰后稳中有降，生态环境根本好转，美丽中国建设目标基本实现。

为了系统性地回顾和总结中国生态文明建设的发展历程和取得的重大成绩，深入剖析新时代生态文明建设面临的挑战，更好地发挥高等院校的"智库"作用，国家发展改革委、清华大学生态文明研究中心和中国高等教育学会生态文明教育研究分会共同组织了"新时代生态文明丛书"的编著工作。本丛书以国家发展改革委为指导单位，由钱易院士担任主编、温宗国教授担任副主编，共有100余位专家、学者参与其中，在组织编写的过程中召开了数次研讨会和书稿审议会，广泛征求了各方意见。

"新时代生态文明丛书"定位为具有较高学术深度的科普读物，内容尽力体现科学性、系统性、权威性和可读性，力图反映新时代生态文明建设的总体思路与发展方向，梳理了中国生态文明的发展历程、新时代生态文明的重要思想，凝聚了近年来中国生态文明建设领域部分相关理论问题、政策分析和实践探索等前沿性研究成果。丛书编著委员会结合新时代生态文明建设的重要内涵和当下的热点问题，将新时代生态文明建设总论、生态文明体制改革与制度创新、生态文明建设探索示范、城市发展转型、生态农业工程、自然生态系统保护、生态文化与传播、绿色大学建设等重大主题作为丛书各分册的核心内容。

习近平总书记在2018年全国生态环境保护大会上指出，我国"生态文明建设正处于压力叠加、负重前行的关键期，已进入提供更多优质生态产品以满足人民日益增长的优美生态环境需要的攻坚期，也到了有条件有能力解决生态环境突出问题的窗口期"。面向2035年基本实现社会主义现代化的远景目标，党的十九届五中全会重点部署了"推动绿色发展，促进人与自然和谐共生"的任务，着重强调要加快推进绿色低碳发展，持续改善环境质量，提升生态系统质量和稳定性，全面提高资源利用效率。希望本丛书的出版能够系统地展示我国新时代生态文明建设的探索之路，凝集一批生态文明先行示范区和试验区的优秀经验与典型案例，为社会各界全面深入地了解新时代生态文明建设的国家战略提供参考，对生态文明建设过程中需要破题的重要改革实践给予启发。

钱　易　温宗国

2020年12月30日

前　言

对于"文明"一词，汉语是这样解释的：文明是历史沉淀下来的有益于增强人类对客观世界的适应和认知、符合人类精神追求、能被绝大多数人认可和接受的人文精神、发明创造及公序良俗的总和。文明是使人类脱离野蛮状态的所有社会行为和自然行为的集合，这些集合至少要包括家族观念、工具、语言、文字、信仰、宗教、法律、城邦和国家等要素。

生态文明是人类文明的一部分，是人类与自然环境及生态要素之间关系的文明化，它要求人类在对待生态环境上有正确的认知和长久维护的公序良俗，热爱环境，公平地对待一切生物，保护自然界各种生物不可或缺的各种要素。然而多年来，全球许多地方因经济高速发展而付出了不小的代价，其中之一就是在一定程度上污染了环境、破坏了生态。当前，我国水污染、大气污染和土壤污染的形势十分严峻，生物多样性受到威胁，自然灾害发生频率加大，种种问题都表明，如果生态文明建设跟不上，后果将会越来越严重：资源加速消减、环境加速恶化、生态加速退化。

生态环境的持续恶化将直接导致经济损失的不断增加，也进一步使社会和谐受到影响。近年来，由于环境污染造成的经济损失有逐渐上升之势；同时，因环境问题导致的群体性事件逐渐增多，社会不安定因素也在递增。因此，生态文明建设必须被摆在更为重要的位置，它对于中国当今和未来的发展都意义重大。党的十七大把建设生态文明列为全面建设小康社会的目标之一，并将其作为一项战略任务确定了下来，提出要基本形成节约能源资源和保护生态环境的产业结构、增长方式、消费模式，推动全社会牢固树立生态文明观念。党的十八大把生态文明建设摆在中国特色社会主义"五位一体"总体布局的战略位置，指出"要把生态文明建设放在突出地位，融入经济建设、政治建设、文化建设和社会建设的各方面和全过程"。党中央、国务院于2015年制定了《生态文明体制改革总体方案》，明确了新时代生态文明制度建设的总体要求。2018年3月，第十三届全国人民代表大会第一次会议表决通过了《中华人民共和国宪法修正案》，生态文明被写入宪法，党的主张通过法定程序成为国家意志。党的十九大报告明确指出，"人与自然是生命共同体，人类必须尊重自然、顺应自然、保护自然。人类只有遵循自然规律才能有效防止在开发利用自然上走弯路，人类对大自然的伤害最终会伤及人类自身，这是无法抗拒的规律。"习近平总书记指出，"保护生态环境就是保护生产力""要像对待生命一样对待生态环境"，这体现了党和国家对生态文明和生态系统保护的高度重视。

"绿水青山就是金山银山"是习近平生态文明思想的核心内容，是当代中国和世界生态文明建设的自然辩证法，为从根本上科学认知生态文明、践行生态文明提供了价值遵循和实践范式。实践证明，从"既要绿水青山，也要金山银山"到"宁要绿水青山，不要金山银山"，再到"绿水青山就是金山银山"，实现了建设生态文明的三重跨越和三重境界。"生态兴则文明兴，生态衰则文明衰""绿水青山就是金山银山""山水林田湖草是一个生命共同体"既是习近平总书记关于生态文明的著名论断，也是对我国当下生态文明重要地位的精辟诠释。

当前，美丽中国已成为中华民族追求的新目标，中国已进入了生态文明新时代，因此对于人类生存、发展、繁衍的根基——对自然的认识、尊重、保护和可持续利用就显得尤为重要。本书正是从自然生态保护的角度阐述生态系统和生态文明之间的关系，包括生态系统的组成和功能、相关研究和保护技术，以加强全民对自然环境和各类生态系统的深刻认识，使其能够充分理解保护大自然和各类生态系统在生态文明建设中的作用。

全书共11章，涵盖了与自然生态保护相关的11个主要方面：①建立基于生态系统生产总值与生态资产核算的重点生态功能区评估考核机制，由中国科学院生态环境研究中心欧阳志云执笔；②森林生态系统保护与生态文明，由北京林业大学李俊清执笔；

③草地生态系统管理与生态文明，由内蒙古自治区农牧业科学院生态草业可持续发展内蒙古自治区工程研究中心孙海莲、常虹和邱晓执笔；④生态文明建设背景下的中国湿地保护战略，由北京林业大学雷光春执笔；⑤农田生态系统的建设保护与生态文明，由中国农业大学资源与环境学院宇振荣和刘云慧执笔；⑥荒漠化防治与荒漠生态系统保护，由中国林业科学研究院荒漠化研究所吴波和却晓娥执笔；⑦野生动植物保护和自然保护区，由中国林业科学研究院森林生态环境与保护研究所李迪强执笔；⑧人与野生动物能否共存，由北京大学生命科学学院自然保护与社会发展研究中心吕植执笔；⑨新时代中国国家公园建设，由清华大学建筑学院杨锐执笔；⑩生态保护红线划定与管控，由生态环境部卫星环境应用中心高吉喜、生态环境部南京环境科学研究所徐梦佳和邹长新执笔；⑪新时代生物多样性监测：多方位遥感，由清华大学环境学院刘雪华执笔。

　　本书图文并茂、案例夯实，值得阅读和收藏。希望通过本书的介绍，读者可以在一定程度上透析生态文明与自然及自然保护的关系，深思生态文明与人类生存根基及人类命运共同体的关系。中国地大物博、人口众多，但人均资源拥有量不足，自然资源分布也不均衡，加之环境受损程度的加重，讲生态文明、追生态文明、做生态文明是我们每一个人的责任。从我做起，从知晓自然、爱护自然开始，践行保护自然职责，让我们生活在一个可持续且健康的地球上，遵循中华文化精髓中"天人合一"的路径，建设当今和未来的"美丽中国"。

刘雪华

清华大学环境学院

2021年8月

目　录

CONTENTS

CONTENTS

CONTENTS

CONTENTS

第1章

建立基于生态系统生产总值
与生态资产核算的重点
生态功能区评估考核机制
————————

XIN**SHIDAI** 🌿
SHENGTAI WENMING
🌿 CONGSHU

1.1 生态系统与人类福祉

在生态学中，生态系统是指在一定空间范围内的生物与其环境通过能流、物质流和信息流构建起来的功能整体。生态系统的组成成分包括生产者、消费者、分解者，以及气候、土壤、水和营养物质等非生物因子。生态系统的类型主要有森林生态系统、草原生态系统、湿地生态系统（如沼泽生态系统、湖泊生态系统、河流生态系统）、荒漠生态系统、海洋生态系统、农田生态系统和城市生态系统等。

生态系统不仅为人类提供了生活与生产所必需的粮食、水资源、药材、木材及工农业生产的原材料，还具有气候调节、水源涵养、土壤保持、洪水调蓄和防风固沙等生态功能，创造并维持着地球的生命支持系统，形成了人类生存与发展所必需的物质基础和条件。

自20世纪90年代以来，科学家开始认识到生态系统对人类生存与发展的支撑作用，并开展了生态系统服务功能研究，评价各类生态系统对人类福祉的贡献。2001年6月，联合国启动了"千年生态系统评估"（Millennium Ecosystem Assessment，MA）计划，旨在通过在全球范围开展生态系统服务功能评价将生态学保护的目标整合到经济社会决策之中。当前，生态系统服务功能评估与生态系统核算已成为生态学与生态经济学的前沿领域和全球热点领域，许多研究对全球、不同国家和地区、不同区域开展了生态系统服务价值的评估。这些研究初步建立了生态系统服务功能评估理论框架，探索了不同生态系统、不同服务功能类型的评估方法，为定量评估生态系统所提供的产品与服务奠定了方法基础。

本章以重点生态功能区定位为依据，以提升重点生态功能区的生态资产、增强其生态产品与服务的供给能力为目标，探讨基于生态系统对人类福祉贡献的重点生态功能区评估指标与考核机制，以期为推进重点生态功能区的建设与管理提供技术支撑。

1.2 重点生态功能区的定位与评估

为了优化国土空间开发格局,国务院于2010年12月发布了《全国主体功能区规划》(国发〔2010〕46号),根据国土空间开发定位将全国划分为优化开发区域、重点开发区域、限制开发区域和禁止开发区域。优化开发区域是指经济规模大、人口比较密集、城镇体系比较健全、开发强度较高且资源环境问题突出,应该优化进行工业化和城镇化开发的城市化地区;重点开发区域是指具备较强的经济基础、具有较好的发展潜力、城镇体系初步形成、能够带动周边地区发展的区域;限制开发区域是指控制大规模土地开发与城镇化的区域,包括农产品主产区与重点生态功能区,其中重点生态功能区是指以提供生态产品与服务、保障区域与国家生态安全为主要目的的功能区域;禁止开发区域是指依法设立的各类自然保护区域,包括自然保护区、文化自然遗产、风景名胜区、森林公园和地质公园等。

为了保障生态产品与服务的持续供给,中共中央、国务院于2015年9月印发了《生态文明体制改革总体方案》,明确要求把"生态效益纳入经济社会发展评价体系。根据不同区域主体功能定位,实行差异化绩效评价考核"。因而,研究与建立生态保护成效的评估方法与考核机制是促进重点生态功能区建设与发展的主要措施之一。

根据《全国主体功能区规划》,我国重点生态功能区有25个,从行政边界来看包括436个县级行政单元(其中有431个县、5个林区),总面积为377.64 km²,占我国国土面积的39.3%。2016年9月,《国务院关于同意新增部分县(市、区、旗)纳入国家重点生态功能区的批复》(国函〔2016〕161号)中又新增了237个县级行政单元。到2016年年底,全国重点生态功能区共有763个县级行政单元(含92个林区)(图1-1)。重点生态功能区是构建国家生态安全格局的基础。

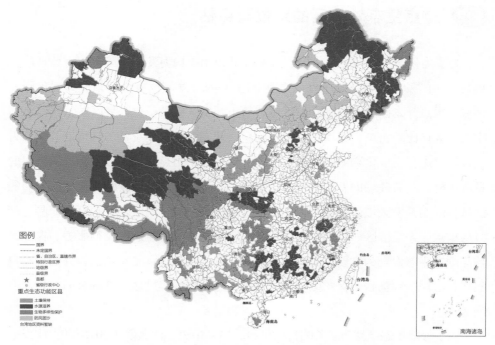

图1-1　全国重点生态功能区县

根据主导生态功能类型，重点生态功能区可分为四类：水源涵养功能区、土壤保持功能区、防风固沙功能区和生物多样性保护功能区。重点生态功能区建设的目标是通过生态保护、生态系统恢复扩大森林、草地或湿地生态系统的面积，提高生态系统质量和水源涵养、土壤保持、防风固沙、生物多样性保护等生态产品与服务的供给能力，保障国家与区域的生态安全。

为了便于落实，《全国主体功能区规划》还要求对不同类型的主体功能区域使用不同的考核指标：对于优化开发区域，应强化对经济结构、资源消耗、环境保护、科技创新外来人口、公共服务等指标的评价；对于重点开发区域，因其资源环境承载力较强，还有一些发展空间，应实行工业化、城镇化发展水平优先的绩效考核评价，综合考核经济增长、吸纳人口、产业结构、资源消耗和环境保护等方面的指标；对于限制开发区域，其中的农产品主产区应强化对农业综合生产能力的考核，而非对经济增长收入的考核，其中的重点生态功能区应强化对生态功能保护和提供生态产品能力的考核；对于禁止开发区域，应强化对自然文化资源的原真性和完整性保护的考核。

为了促进重点生态功能区的建设与管理，2008年，中央财政在均衡性转移支付项目下设立了国家重点生态功能区转移支付，"以引导地方政府加强生态环境保护力度，提高国家重点生态功能区所在地政府基本公共服务保障能力，促进经济社会可持续发展。"到2018年，生态转移支付预算达到721亿元，全国763个重点生态功能区县与林区得到了生态转移支付经费。2016年，国家发展改革委以通知形式印发了《重点生态功能区产业准入负面清单编制实施办法》（发改规划〔2016〕2205号），要求各重点生态功能区（县）在"开展资源环境承载能力评价的基础上，遵循'县市制定、省级统筹、国家衔接、对外公布'的工作机制，因地制宜制订限制和禁止发展的产业目录，完善相关配套政策，强化生态环境监管，确保严格按照主体功能定位谋划发展"。

自党的十八大以来，国家积极推动将生态效益纳入考核指标体系。在2013年6月的全国组织工作会议上，习近平总书记要求"改进考核方法手段，把民生改善、社会进步、生态效益等指标和实绩作为重要考核内容，再也不能简单以国内生产总值增长率来论英雄"。李克强总理也在2014年的政府工作报告中提出，要完善政绩考核评价体系，切实把各方面积极性引导到加快转变方式、调结构、实现科学发展上来，不断增加就业和居民收入，不断改善生态环境，使经济社会发展更有效率、更加公平、更可持续。党的十八届三中全会通过的《中共中央关于全面深化改革若干重大问题的决定》首次提出"推进国家治理能力和治理体系的现代化"，要求"完善发展成果考核评价体系，纠正单纯以经济增长速度评定政绩的偏向"，同时提出"对限制开发区域和生态脆弱的国家扶贫开发工作重点县取消地区生产总值考核"。

地方政府为了贯彻落实中央部署，进行了积极探索。北京、青海、贵州、福建、山西、宁夏、河北、浙江、陕西和广西等许多省（区、市）对市、县（区）的考核进行了调整，取消了GDP考核。北京市是较早探索政府绩效管理改革的地区之一，对门头沟、延庆、怀柔、密云和平谷等位于生态涵养发展区的行政区不考核GDP。福建省取消了34个县（市、区）的GDP考核，实行农业优先和生态保护优先的绩效考评方式。浙江省取消了淳安、开化、文成和泰顺等具有重要生态功能的区（县）的GDP考核。贵州省对限制开发区域和生态脆弱的国家扶贫开发工作重点县取消了GDP考核。广西壮族自治区扶贫开发领导小组会议决定，取消位于重点生态功能区的凌云、乐业等8个县（自治县）的GDP考核。这些探索对降低重点生态功能区（县）的开发压力具有重要作用，但还缺乏针对性的评估指标。研究与建立促进重点生态功能区、提高生态资产和生态产品与服务供给量的评估指标与考核机制，是完善主体功能区制度、促进重点生态功能区发展的重要课题。

1.3 生态系统生产总值与生态资产核算

1.3.1 生态系统生产总值与生态资产

生态系统生产总值（Gross Ecosystem Product，GEP）也称生态产品总值，指生态系统为人类提供的产品与服务价值的总和，是生态系统对人类福祉的贡献。生态系统产品与服务是生态系统和生态过程为人类生存、生产与生活提供的条件和物质资源，包括生态产品供给、生态调节服务与生态文化服务（表1-1）。GEP核算不仅可以用来认识和了解生态系统自身的状况及变化，还可用来评估生态系统对社会经济发展的支撑作用和对人类福祉的贡献。GEP的增长、稳定或降低反映了生态系统对经济社会发展支撑作用的变化趋势，因此GEP核算不仅可以用来评估可持续发展水平与状况，考核一个地区或国家生态保护的成效，还可以作为评估生态文明建设进展的指标之一。重点生态功能区建设与管理的目标就是保障生态服务的持续供给、促进生态服务功能量与价值量的增长。

自然资源资产包括矿产资源、土地资源、气候资源与生态资源等资产，其中生态资产（或称生态资源资产）是自然资源资产的重要组成部分。生态资产是指能够为人类提供生态产品和服务的自然资源资产，包括森林、灌丛、草地、湿地和荒漠等自然生态系统与野生动植物资源，以及农田、人工林、人工湿地和城市绿地等以自然生态过程为基础的人工生态系统（表1-2）。

表1-1　生态系统产品与服务类型

类型	产品与服务（举例）
生态产品 供给	食物：粮食、蔬菜、水果、肉、蛋、奶和水产品等； 原材料：淡水、药材、木材、纤维和遗传物质等； 能源：生物能、水能等； 其他：花卉、苗木和装饰材料等
生态调节 服务	调节功能：涵养水源、调节气候、固碳、氧生产、保持土壤、降解污染物 　　　　　和传粉等； 防护功能：防风固沙、调蓄洪水、控制有害生物、预防与减轻风暴灾害等
生态文化 服务	景观价值：旅游价值、美学价值和精神价值等； 文化价值：文化认同、知识、教育和艺术灵感等

表1-2　生态资产类型

类别	生态类型（举例）	分类（举例）
自然生态 系统	森林	热带雨林、常绿阔叶林、常绿-落叶混交林、针阔混交林、针叶林、落叶针叶林和灌丛等
	草地	草甸草原、典型草原、荒漠草原、高寒草甸、高寒草原和草丛等
	湿地	湖泊、河流、沼泽、滩涂、水库和红树林等
	海洋	近海、珊瑚礁、岛屿和河口等
	农田	水田、旱地、果园和热作园等
人工生态 系统	人工林	阔叶林、针叶林等
	人工湿地	水库、水塘和人工湖泊等
	城市绿地	城市森林、城市草地和城市水体等
生物资源	野生动植物	常见物种、珍稀物种、濒危物种和特有物种等

生态建设措施主要有生态保护、生态恢复等。其中，生态保护主要是通过控制人类活动对生态系统的干扰和破坏、提高生态系统的质量来增强生态系统提供服务的能力；生态恢复通常是通过人类干预（植树造林、种草、建设人工绿地和湿地等）、扩大生态系统的面积来增强生态系统提供服务的能力。因此，生态建设的本质是通过提高生态资产的数量与质量，保障或增强国家与区域生态服务的供给，进而增强国家与区域的生态安全（图1-2）。

图1-2　生态建设投入与生态资产、GEP的关系

建设重点生态功能区就是通过加强生态保护与生态恢复，扩大森林、草地和湿地等自然生态系统的面积，提高森林、草地和湿地等自然生态系统的质量，提升重点生态功能区生态服务的供给能力。因此，可以根据GEP与生态资产的变化趋势评估重点生态功能区的生态保护成效与生态建设进展。

1.3.2　生态系统生产总值与生态资产核算思路

规划建设重点生态功能区的目的是构建国家生态安全格局、增强生态服务功能，在评估考核重点生态功能区的生态保护成效时应主要关注生态调节、生态文化功能与生态资产的变化。

1. GEP核算方法

GEP就是分析与评价重点生态功能区的生态产品供给能力、生态调节服务与生态文化服务的功能量及其经济价值。功能量可以用生态系统功能表现的生态产品与生态服务量表达，如粮食产量、木材产量、水资源提供量、洪水调蓄量、污染净化量、土壤保持量、固碳量和自然景观吸引的旅游人数等，其优点是直观，可以给人明确具体的印象，但由于计量单位的不同，不同生态系统产品的产量和服务量难以加总。因此，仅仅依靠功能量指标，难以获得一个地区及一个国家在一段时间内的生态系统产品与服务的产出总量。

为了获得GEP，就需要借助价格将不同生态调节服务量转化为货币单位（元）来表示产出，然后加总为GEP，可以用式（1-1）、式（1-2）和式（1-3）计算一个县或地区的GEP。

$$GEP=ERV+ECV \tag{1-1}$$

$$ERV=\sum_{i=1}^{m} ER_j \times P_j \tag{1-2}$$

$$ECV=\sum_{k=1}^{l} EC_k \times P_k \tag{1-3}$$

式中，GEP——生态系统生产总值，元；

$\quad\quad ERV$——生态调节服务价值，元；

$\quad\quad ECV$——生态文化服务价值，元；

$\quad\quad ER_j$——第j类生态调节服务功能量；

$\quad\quad P_j$——第j类生态调节服务功能的价格，元/单位功能量；

$\quad\quad EC_k$——第k类生态文化服务功能量；

$\quad\quad P_k$——第k类生态文化服务功能的价格，元/单位功能量。

根据国家与区域生态安全保障的需要，重点生态功能区GEP评估的指标主要包括生态调节服务与生态文化服务两大类（表1-3），由于生态系统类型和地理位置的不同，不同重点生态功能区县的生态产品与服务构成会有地域差异，具体的评价指标也会因此而有所差别。例如，北方的草地主要有防风固沙的功能，而南方的湖泊湿地有重要的洪水调蓄功能。同时，由于生态产品的提供往往与生态调节和生态文化服务功能有冲突，因此在考核重点生态功能区保护成效时，应主要关注生态调节服务与生态文化服务。通过比较不同年度的GEP，可以评估生态保护成效：当GEP上升时，表明该县区提供的生态产品与服务增加了，生态保护取得了成效；反之，当GEP下降时，表明该县区提供的生态产品与服务减少了，生态系统受到了破坏。

表1-3　重点生态功能区GEP评估的主要指标

类型	生态产品与服务
生态调节服务	涵养水源、调节气候、防风固沙、调蓄洪水、保持土壤、固碳和降解污染物等
生态文化服务	生态旅游价值、美学价值等

2. 生态资产核算方法

生态资产核算包括实物量和价值量两部分：实物量即森林、草地和湿地等各类生态系统的资源存量；价值量是通过估价的方法，将实物量转换成货币的表现形式。此外，生态系统质量将直接影响生态系统服务功能。不同质量等级的森林、草地和湿地等生态系统提供土壤保持、水源涵养和水质净化等服务功能的量具有显著差别。因此，可以依据生态系统的质量等级分别核算生态资产的实物量和价值量。

可以运用生态资产综合指数（EQ）评估森林、草地和湿地等生态资产的实物量和质量综合特征，即不同质量等级的生态资产的实物量与质量等级指数的乘积与生态资产总面积和最高质量等级指数的比值，见式（1-4）：

$$EQ = \frac{\sum_{i=1}^{5}(EA_i \times i)}{(EA \times 5)} \times 100 \qquad (1-4)$$

式中，EQ——生态资产综合指数；

EA_i——第i等级生态资产面积，km^2；

i——生态资产质量等级指数，1～5级；

EA——生态资产总面积，km^2。

对每个重点生态功能区县可以根据其生态环境特征建立生态资产核算表，计算EQ的年度变化。通过比较不同年度的EQ，可以评估生态保护成效：当EQ上升时，表明生态系统面积与质量在改善，生态保护取得成效；反之，当EQ下降时，生态系统受到破坏。例如，2000—2010年，青海省的EQ从198.15增长到223.35，提高了12.7%。其中，草地EQ增加最多，涨幅达到13.6%，青海省草地质量的明显提升是草地EQ上升的重要原因；河流EQ涨幅为12.1%，主要原因是这10年间青海省的河流水质有所提高；灌丛EQ涨幅为2.3%，原因是青海省灌丛生态资产面积和质量均有小幅增加；森林EQ增长1.1%，是由森林面积的增加以及质量的提高带来的。青海省EQ增加的主要原因是生态保护与恢复工程的实施，生态保护措施提高了森林、草地生态系统的质量，"退耕还草"工程使1 068.5 km^2农田转变成草地、3.46 km^2农田转变为森林，湿地生态补偿政策使荒漠和裸地转变为湿地生态资产。生态补偿政策对青海省生态资产的提升发挥着重要作用。

生态资产价值量是由直接价值和间接价值两部分组成的：直接价值是指生态系统产生的直接的经济价值，如森林木材的价值；间接价值是指除产品供给外，人类从生态系统获取的调节服务和文化服务的价值，如水源涵养、水土保持和水质净化等。

1.4 评估考核机制的建立对生态文明建设的作用

生态文明建设的核心是人与自然和谐共处。长期以来，人们对生态系统对人类福祉的贡献及经济社会发展的支撑作用认识不足，缺乏对生态系统保护成果的定量评估机制，导致重视资源开发与经济建设，忽视生态环境保护，甚至以牺牲生态环境来换取自然资源与经济利益，生态系统的破坏进一步导致水源涵养、土壤保持、防风固沙、洪水调蓄和生物多样性维持等生态系统服务功能的退化，加剧了水资源短缺、洪涝、沙尘暴和泥石流等自然灾害,严重威胁着人类的可持续发展。建立基于生态系统为人类生存发展提供的产品与服务的核算方法及相应的考核机制、定量评估生态系统对人类福祉的贡献、考核各级政府和社会的生态保护成效,尤其是考核重点生态功能区提供生态系统产品与服务的作用,对引导政府与社会加强生态保护、提升生态系统提供产品与服务的能力、预防与控制对生态系统的无序破坏、促进人与自然和谐发展、建设生态文明具有重要意义。

此外,通过分析GDP与GEP的上升趋势,还可以评估经济社会发展与生态环境保护的关系。在核算期间,若GDP上升、GEP下降,则表明经济发展以牺牲生态环境为代价;反之,若GEP上升、GDP下降,则说明生态环境保护可能制约了经济发展;当GDP与GEP均上升,则表明经济发展与生态环境协调发展。因此,核算一个地区的GEP,并分析其与GDP的变化关系,可以评估人与自然和谐发展的程度,以及生态文明建设的进展。

1.5 重点生态功能区生态保护成效评估与考核机制的建立

建立重点生态功能区生态保护成效评估与考核机制应包括以下步骤:

1. 制定评估与考核办法

建议由自然资源主管部门、生态环境监管部门及财政、统计部门联合制定重点生态功能区评估考核办法与技术规范,规定评估考核目的、实施部门、考核对象、考核指标以及鼓励和处罚措施等。国家海洋局可根据海洋主体功能区规划制定具体的评估与考核办法。

2. 确定评估与考核指标

建议以GEP与生态资产为基础构建评估指标体系,考核重点生态功能区县的生态保护成效与建设进展,引导加强生态保护与生态恢复,提高生态资产数量与质量,增强生态服务的供给能力。

3. 明确评估考核对象

建议以重点生态功能区县为单元开展评估与考核。综合考虑国家五年规划与地方政府换届周期需要，建议评估考核周期为3～5年。

4. 明确考核实施部门

根据国务院的分工，自然资源部门是全国主体功能区综合协调部门，生态环境部门是国家生态保护工作的协调、监督机构。因此，建议自然资源部门与生态环境部门联合实施评估和考核。

5. 规范数据来源并进行数据整合

已有的GEP与生态资产评估研究与示范的经验表明，自然资源部门开展的土地覆盖资料和数据与林业部门的森林清查数据相结合，可以支撑生态资产数量与质量变化的评估。综合运用环境监测、水文监测、气象观测、农业统计和旅游统计的数据和资料基本可以满足县域GEP核算的数据要求。建议以GEP核算与生态资产评估为目标建立县域综合生态环境数据平台。

6. 评估与考核信息的使用

定期公布全部重点生态功能区县的GEP与生态资产评估结果，将评估结果纳入重点生态功能区县政府绩效考核依据，并与生态转移支付额度挂钩。对GEP与生态资产下降的区县追究领导责任。由于一个地区的GEP与生态资产会受到地震、泥石流等自然灾害的影响，对由不可抗拒的自然灾害导致的GEP与生态资产下降，不应作为评估生态保护成效的依据。

7. 加强GEP与生态资产核算的科技支撑

由于GEP与生态资产核算提出的时间还不长、示范应用还有限，为了建立基于GEP与生态资产核算的评估考核机制，使其成为考核生态保护成效和生态效益的一个指标，还需要开展如下工作：①建立国家资产与生态系统核算框架与指标体系，以及标准化的核算方法；②加强生态系统产品与服务监测评估和技术研究，重点建设生态系统调节服务功能的监测体系，为GEP核算提供基础数据；③进一步开展生态系统调节服务价格确定方法研究，完善生态系统调节功能和文化功能的定价方法。

1.6 本章结语

　　生态系统为人类提供了生存与发展所必需的物质基础和条件，是经济社会可持续发展的物质基础。为了保障生态安全和生态产品与服务的持续供给，《全国主体功能区规划》确定了重点生态功能区的范围，《生态文明体制改革总体方案》明确要求把"生态效益纳入经济社会发展评价体系。根据不同区域主体功能定位，实行差异化绩效评价考核"。研究与建立生态保护成效的评估方法与考核机制是促进重点生态功能区建设与发展的主要措施之一。GEP核算不仅可以用来评估生态系统对社会经济发展的支撑作用和对人类福祉的贡献，还可以用来评估或考核一个地区或国家生态保护的成效。探索以GEP和生态资产核算为基础的重点生态功能区生态保护成效评估与考核机制，可以促进重点生态功能区保护与生态产品与服务的持续供给。

参 考 文 献

[1] Costanza R d, Arge R, Rudolf de Groot, et al. The Value of the World's Ecosystem Services and Natural Capital [J] . Nature, 1997, 387：253-260.

[2] Daily G C. Nature's Services：Societal Dependence on Natural Ecosystems [M] . Washington D C：Island Press, 1997.

[3] European Commission, OECD, IMF, et al. System of National Accounts 2008 [M] . Beijing：China Statistics Press, 2012.

[4] Gary Stoneham, Andrew O'Keefe, Mark Eigenraam, et al. Creating Physical Environmental Asset Accounts from Markets for Ecosystem Conservation [J] . Ecological Economics, 2012（82）：1-140.

[5] Kareiva P, H Tallis, T H Ricketts, et al. Natural Capital：Theory and Practice of Mapping Ecosystem Services [M] . Oxford：Oxford University Press, 2011.

［6］Davies L，Watson，Watson Ṛ，et al.UK National Ecosystem Assessment：Understanding Nature's Value to Society［EB/OL］.［2020-09-30］. https：//www.gov.uk/ecosystems-services.

［7］高敏雪，李静萍，许健.国民经济核算原理与中国实践［M］.北京：中国人民大学出版社，2013.

［8］马世骏，王如松.社会-经济-自然复合生态系统［J］.生态学报，1984，4（1）：1-9.

［9］欧阳志云，靳乐山.面向生态补偿的生态系统生产总值和生态资产核算［M］.北京：科学出版社，2017.

［10］欧阳志云，朱春全，杨广斌，等.生态系统生产总值核算：概念、核算方法与案例研究［J］.生态学报，2013，33（21）：6747-6761.

［11］沈颢，卡玛·尤拉.国民幸福：一个国家发展的指标体系［M］.北京：北京大学出版社，2011.

森林生态系统保护与生态文明

2.1 引言

2000年前后，我国林业由原来以木材生产为主，历史性地转变为以生态建设为主，在全国接近97%的县级以上单位实施天然林保护工程和退耕还林还草工程，再加上之前实施的"三北"和长江中下游等地的重点防护林体系建设工程、京津风沙源治理工程、野生动植物保护及自然保护区建设工程、重点地区以速生丰产用材林为主的林业产业建设工程，形成了新中国成立以来规模最大、体系最完整的六大林业重点工程，从生产力结构与功能定位上调整了林业产业布局并推动了生态建设。2003年颁布的《中共中央　国务院关于加快林业发展的决定》（中发〔2003〕9号）明确指出，在生态建设中赋予林业首要地位，并将"生态建设、生态安全和生态文明"作为林业发展的战略定位。森林生态系统是林业的核心资源，对森林生态系统的保护也必然是林业生态建设的首要任务。

我国森林生态系统保护工作从建立自然保护区开始，其中具有历史意义的变革是1956年建立的广东鼎湖山自然保护区，之后经过60多年的不懈努力，取得了显著成绩。截至2018年年底，我国建立的不同类型和不同级别的自然保护区共计2 750个（不含港、澳、台地区），总面积约为14 733万hm^2，约占我国陆地国土面积的14.88%，其中国家级自然保护区有474处，总面积约为98万km^2，形成了类型比较齐全、布局基本合理、功能相对完备的自然保护区体系。同时，我国自然保护区在涵养水源、保持土壤、防风固沙、调蓄灌水、调节气候、生物多样性保护和保障民生福祉等方面也发挥着重要作用。

除了自然保护区，我国还建立了风景名胜区、森林公园等多种保护地类型，数量超过1万处，面积约占我国陆地国土面积的18%，基本覆盖了绝大多数的自然生态系统和自然资源，使我国各类自然生态系统和大部分地区的生物多样性得到有效保护。但随着我国经济社会的发展，作为在当时"抢救式"背景下建立起来的自然保护地体系，问题越来越突出，如定位模糊、多头管理、权责不清、空间破碎、交叉重叠、孤岛式保护、地理隔离和保护空缺等，提供优质生态产品和支撑经济社会可持续发展的基础十分薄弱。尤其是当时保护的初衷是以保护珍稀濒危物种为主，对生态系统的地带性、完整性和本真性重视不够，对自然地理空间的异质性、生物群落区的代表性和物种长距离迁徙、洄游和传粉行为等生态过程也很少关注。

为解决长期存在的制约自然保护地建设和发展的问题，党的十九大报告提出建立以国家公园为主体的自然保护地体系，进一步加大生态系统保护力度，实施重要生态系统保护和修复重大工程，优化生态安全屏障体系，构建生态廊道和生物多样性保护网络，提升生态系统质量和稳定性。综合以往自然保护的经验教训，本章提出的加强森林生态系统保护和建立森林生态系统保护制度，是实现新时代自然保护目标的必要措施和关键途径，具有重要的现实意义。

2.2　森林生态系统

森林是陆地上下垫面最高、生态功能最显著的生态系统，在国家生态系统保护中占有极其重要的地位。无数事实证明，森林破坏就会导致生态灾难，人类就会遭受大自然的惩罚，沉痛的教训引发了人们对森林的重新认识和加强保护的动机。我国是一个以国有林为主、森林资源丰富但生态环境又十分脆弱的国家，要实现富强民主文明和谐美丽的现代化强国奋斗目标，必须对森林生态系统实施严格保护、科学管理和高效利用。

我国幅员辽阔、气候多样、地形地貌复杂，不同地理条件下均有典型多样的生物群落和地带性的森林植被分布。我国气候带横跨寒温带、温带、亚热带、热带及高原亚寒带等类型，不同的气候带随环境条件的变化形成了丰富多彩的生物多样性和类型齐全的森林生态系统，同时也构成了国家可持续发展、环境保护和生态文明建设的重要战略资源。

2.2.1　认识森林

森林是以多年生木本植物为主的生物群落或生态系统。Barnes等人认为，森林是一个由林木和其他木本植物占优势，并与环境或者地球基质相互作用的动态三维生态系统。金明仕则认为，森林是以下各项的集合：林木；供林木和其他植物获取营养和水分的土壤层；与林木具有共生、竞争、保护等相互作用的其他植物；取食并栖息于植物下层的动物；直接或者间接对林木或者其他有机体产生影响作用的微生物；地质、地貌和气候，包括林火和降水等。可见，森林不仅是以木本植物为主要组成的群落，更是一个有特定功能的系统，森林中的生物成分多样，植物、动物和微生物类群复杂，同时具有一定的地域性。

森林作为生态系统，其各组成成分相互作用、密不可分。丹尼尔等人指出，森林以具有一定密度的木本植物和面积较大为特点，也就是说，只有当一地块上的林木达到足够的密度，而且覆盖足够面积的地表，具有局域气候特点和当地生境条件时，这样以林木为主的群落才称得上是森林。森林形成之后，林内的温度、水分、光照、风、湿度和植物种类，乃至森林土壤的性质等，或多或少都会发生改变。

森林生态系统最主要的组成成分就是森林群落，森林群落会受到周围生存环境的影响，也会对周边环境有一定的改造作用。森林群落中的植物与植物、植物与动物以及动物与动物之间都存在着多种多样的相互依存和相互制约的关系，要保护森林就必须从组成森林的具体成分着手，了解这些成分之间的动态关系、结构特征及其与环境之间的相互作用规律。

总之，森林具有一定的面积、密度、高度和生产力，更重要的是森林中的各种成分都不是孤立存在的，各生物成分之间、生物与非生物成分之间通过各种生态关系和能量过程发生必然的联系，形成森林生态系统。

从这个意义上说，森林的保护更应该是一个完整的森林生态系统的保护。例如，在阔叶红松林生态系统中，最具优势的生物成分是红松，在其生活史过程中必然不断繁殖、结实、生产种子并产生足够的后代更新。红松种子的成熟期会有大量动物取食松子，包括松鼠和松鸦在内的野生动物不但在松树结实的时候取食，而且还具有埋藏松树种子的习性，被埋藏的种子第二年春天就可能发芽，长成幼苗，幼苗再长成大树，更新成林。在这个过程中，各种环境因子（也包括人为狩猎、采伐林木和采集松子等活动）都会对红松林的稳定和发展构成不同程度的影响。红松的生活史过程、更新驱动过程和外界干扰过程都会影响阔叶红松林生态系统的稳定性，任何一个过程受阻、任何一个环节断裂、任何一个要素被破坏都是对整个阔叶红松林生态系统的破坏，因此我们就必须保护包括松鼠和松鸦在内的维持阔叶红松林生态系统的所有成分。

2.2.2　森林地理现象

俄罗斯林学家莫罗佐夫（G. F. Morozov）提出，森林是一种地理现象。在一定的地理区域内必然有与该地理环境相应的森林出现，一定的地理条件是森林群落形成的根据。森林如同北方的降雪、南方的台风、东部的丘陵和西部的高山一样，在相应的地理区域内按其本身固有的规律出现。森林就如同一个昆虫、一只鸟或一棵树那样，是真实的自然存在，有其特定的结构、功能和生产力。不过学术界也有不同的看法，认为森林群落不是一个自然实体，而是一种梯度分布的连续体，没有固有的规律性。尽管人们的观点各异，但森林绝不是杂乱无章、随机堆积在一起的，组成森林的每一种生物都以其个体特征参与森林群落的组成和动态过程。

森林是结构复杂的有生命和有特定功能的生态系统，具有典型的代表性和地域性。尤其是那些经过长时间自然选择形成的原始森林，更是探索自然奥秘、研究复杂生命现象、揭示生物适应机制与进化过程的天然实验室。森林群落是各种生物及其周围环境长时间相互作用的产物，同时在其组成和空间上会随着时间的不断变化而变化。自然界虽然没有完全相同的森林群落，但从一处到另一处，只要存在的生境和历史条件相同，相似的森林群落就会重复出现，这里所指的森林就是一种地理现象。在一定的地理区域内，必然有与该地理环境相应的森林出现，一定的地理条件是森林群落形成的根据。跟任何其他自然科学对象一样，森林有其本身固有的运动规律，不以人的意志为转移。森林中有多样的生物成分，植物、动物和微生物，乔木、灌木和草本，猛兽和猛禽并存，啮齿类与食谷鸟同在，空中飞、林中栖、地上行、草中生和地下藏的动物比比皆是，可以说，森林具有典型的地域性和代表性。

森林是各种生物及其所在环境长时间相互作用的产物，同时在空间和时间上不断发生着变化。如果说森林是一种地理现象，那么生物多样性就是一种自然现象。所以，对森林生态系统的保护不仅包括森林群落和森林生态系统，更要考虑这个群落或者这个系统的地理环境和生物多样性的区域特征，应该具有地理区域和人文地理概念，只有这样才能达到更好的保护效果。

总之，山水林田湖草沙是一个生命共同体，人的命脉在田，田的命脉在水，水的命脉在山，山的命脉在土，土的命脉在树。森林是陆地生态系统的主体，是人类生存发展的保障。森林生态系统的重要性就在于其不仅涉及森林群落，更包括形成这个森林群落的地理要素和地理空间格局，森林生态系统的保护也就意味着更加全面、自然和本真的保护。

2.2.3　森林生物多样性

我国是世界上生物多样性最丰富的国家之一，同时又是世界上生物多样性受威胁最严重的国家之一。我国高等植物中的濒危物种高达4 000～5 000种，占总物种数的15%～20%，在《濒危野生动植物种国际贸易公约》中列出的640个世界性濒危物种中，我国占156种。同时，我国的自然生态系统有40%处于非常严重的退化状态，生物多样性保护的形势十分严峻。

长白山集中了我国东北东部最丰富的森林生态系统和生物多样性，其森林植被带垂直分异规律明显，从下向上依次为落叶阔叶林、针阔混交林、针叶林、岳桦林和苔原，几乎包括了从温带到北极的所有代表性植被类型。长白山分布有野生植物1 200多种、野生动物300多种，其中东北虎、梅花鹿、中华秋沙鸭和人参等动植物为国家重点保护物种。该区保存有完整的原生生态系统，是地球上同纬度生物多样性最高的地区，也是最需要严格保护的地区。

我国在生物多样性保护方面做出了巨大的努力，初步建成了覆盖全国的自然保护体系，像长白山这样重要的森林生态系统就得到了有效的保护。然而，这些保护区在建立时，更多的是从具体某个物种（或生态系统）或者区域的生物多样性保护需要出发，同时也受到地方向中央争取项目和资金等因素的影响，所以带有一定的盲目性，再加之生物多样性保护规划的基础理论研究滞后，全国的保护区布局缺乏基于宏观保护理论的顶层设计，未能形成科学有效的多样性保护体系，存在布局不够合理、各自为战和生物多样性保护效果不理想等问题。

上述问题产生的重要原因在于在过去多年的保护工作中，我们常常忽略了健康生态系统的多样性和物种间的相互作用。健康生态系统需要物种的多样性、年龄结构的合理性和资源利用的科学性等。过去常常从主观意愿出发，根据自己的意愿建立保护区或其他保护机构，缺乏必要的科学依据。这就与过去营造大面积的人工林，但是产生的必然结果是树木种类单一、多样性低、病虫害严重，难以形成长期稳定的森林群落一样。

此外，全球气候变化对我国的生物多样性保护也构成了潜在的重大威胁。经济发展导致土地覆盖和利用的快速变化，与生物多样性保护之间存在尖锐的矛盾，需要深入理解生物多样性的维持机制才能在二者之间做好权衡。同时，全球气候变化对生物多样性的长远影响必须要在国家层面和自然保护规划中予以充分考虑。根据目前的研究成果，未来50年全球变暖可能导致世界上1/4的物种灭绝。如果不能提前制定科学的宏观应对规划，将严重危害我国长远的生态安全和经济发展潜力。

川西亚高山森林生态系统是我国珍贵的旗舰物种大熊猫的栖息地，经过20世纪的过度开发，70％的大熊猫栖息地被过伐林、次生林、人工纯林、灌丛、弃耕地及裸地等退化类型代替，在数量、质量或空间结构上发生了显著改变。目前，道路干扰、薪材采集和放牧等对大熊猫栖息地的破坏依然十分严重。一些大熊猫栖息地没有纳入自然保护地体系，破碎化严重，而且保护区又多采取孤岛式保护方式，采伐后形成的人工林和残破次生林不再是大熊猫生存和繁衍的适宜栖息地（图2-1）。对退化森林生态系统的修复是摆在我们面前的一项迫切任务，也是生态文明建设的出发点和具体行动。

2.2.4　森林生态系统功能

森林是陆地上下垫面最高、物种组成最丰富、种内种间关系最复杂的生态系统，又是人们生产、生活所必需的自然资源，也是一个国家和民族振兴发展的战略资源。森林是陆地生态平衡的调节中枢。现代科学与生态学的发展表明，森林是全

图2-1 作为大熊猫栖息地的川西亚高山森林生态系统

（王梦君 摄）

球生态环境的核心。同时，森林也是人类生态环境问题的关键，如温室效应、生物多样性锐减、水土流失、荒漠化扩大、土壤退化、水资源危机和大气污染等都直接或间接与森林破坏有关，即森林减少导致或加剧了上述大部分生态环境问题。

森林生态系统在生态环境保护和人民生活、生产中都发挥着巨大的作用，如红河哈尼梯田的山顶森林就是典型代表。我国云南省元阳县哀牢山南部的红河梯田从山脚到山顶最高达3 000多级，集中连绵几万亩[1]或者长达十多千米。哈尼族人世世代代在这里劳作，在崇山峻岭之上开垦出坡度呈15°～75°的梯田，构建了"江河-森林-村寨-梯田"良性循环的农业生态系统。哈尼梯田山顶分布有茂密的森林，在上千年的开发垦殖过程中以其巨大的涵养水源、保持水土功能维持着这片梯田终年流水潺潺和当地居民的生活、生产与生态安全。哈尼梯田这种特殊的生态和农耕方式是人与自然相互和谐的典范，也为我们探索一条尊重自然、顺应自然、保护自然的和谐发展之路提供了重要借鉴。

红河哈尼梯田仅是在一个地区、一片农田上森林生态系统功能的体现，然而在我国广袤的土地上，在几乎所有地区和人民生活、生产的各个方面，森林生态系统

---

[1] 1亩=1/15 hm^2。

的功能都是巨大的、不可或缺的。大兴安岭山地分布有兴安落叶松林，小兴安岭和长白山地分布有红松与阔叶树混交林，它们维护着我国北方的生态安全；辽东半岛山地丘陵分布有松栎林，燕山山地分布有落叶阔叶林，晋冀山地黄土高原分布有落叶阔叶林，山东山地丘陵分布有落叶阔叶林及松柏林，陕西陇东黄土高原分布有落叶阔叶林及松柏林，陇西黄土高原分布有落叶阔叶林森林草原区，秦岭北坡分布有落叶阔叶林和松（油松、华山松）栎林区等，它们构成了华北地区农牧业生产和人民生活的巨大生态屏障。滇东北、川西南山地分布有常绿阔叶林及云南松林，滇中高原分布有常绿阔叶林及云南松华山松油杉林，滇西高原峡谷分布有常绿阔叶林及云南松华山松林，滇西南、桂西、黔西南分布有落叶常绿阔叶林及云南松林，它们是云贵高原的生态屏障。沿海平原丘陵山地分布有季风常绿阔叶林，粤西及桂南丘陵山地分布有季风常绿阔叶林，滇南及滇西南丘陵盆地分布有热带季雨林区，海南岛平原山地分布有热带雨林季雨林等，它们保证了华南沿海地区的生态安全。西南高山峡谷和藏东南地区分布有多种云杉和冷杉林，内蒙古东部地区大青山山地分布有落叶阔叶林，贺兰山山地分布有针叶林，祁连山山地分布有针叶林，天山山地分布有针叶林，阿尔泰山山地分布有针叶林等，它们是我国西南、西北地区生态环境的重要保障。

我国主体功能区划分以森林生态系统为主体，以青藏高原和川滇生态地区形成两大屏障，再有东北森林带、北方防沙带和南方丘陵带等为骨架，形成"两屏三带"生态安全格局。各功能区在全国经济社会发展中都具有十分重要的地位，要采取不同的途径有序地保护和开发功能区内各类自然资源，一些重点生态功能区尤其要立足于保护和修复生态环境。各类主体功能区可发挥涵养大江大河水源和调节气候的作用，对这些区域进行切实保护可以使生态功能得到恢复和提升，对于保障国家生态安全、实现可持续发展具有重要的战略意义。

以"两屏三带"为主体的生态安全格局是国家生态安全的重要保障，通过绿色生态空间的扩大，林地、草原、河流、湖泊和湿地面积的增加，可以更好地发挥生态系统的生态功能。要把恢复生态、保护环境作为必须实现的约束性目标，严格控制开发强度，加大生态环境保护投入，加强环境治理和生态修复、净化水系、提高水质，切实严格保护耕地以及水面、湿地、林地、草地和文化自然遗产，保护好城市之间的绿色开敞空间，改善人居环境。

2.3 森林生态系统保护

保护生物多样性、提高生态功能是我们要追求的目标。我国幅员辽阔，自然地理环境和森林类型复杂多样，森林自然分布多集中在大江大河上游的高山峻岭，因此森林生态系统保护对全国的生态环境具有明显的控制作用，堪称国家生态安全的保障。然而，我国森林资源状况相对于国家发展需求和生态建设需要来说，还有很多需要努力加强和改进的空间，森林资源总量相对不足、质量不高、分布不均，森林生态系统保护还面临着巨大的压力和挑战。在这种情况下，更需要构筑坚实的森林生态安全体系、高效的生态经济体系和繁荣的生态文化体系，从而科学有效地保护森林生态系统。

2.3.1 森林生态系统的问题和保护工作

我国的森林生态系统还存在很多问题，不但生物多样性受到严重威胁，而且森林覆盖率远低于全球31%的平均水平，人均森林面积仅为世界平均水平的1/4，人均森林蓄积只有世界人均水平的1/7。无论是从生态建设还是从资源保护利用的角度考虑，森林生态系统保护都还有很多工作要做。

我国森林生态系统数量少、质量差：从数量上看，仅占世界的4.6%，人均森林面积只有世界平均水平的1/5；从质量上看，人均森林蓄积量为9.048 m³，只有世界平均水平的1/8。我国森林生态系统存在这些问题有多方面的原因，其中经营的科学性和合理性是一个重要方面。森林是一个生态系统，所以就必须按照生态系统的属性和规律去经营和管理。唐守正认为北欧一些国家基本实现了森林保护与利用的双赢，奥地利与我国吉林省同纬度，森林面积只有吉林省森林面积的54.5%，但是由于其坚持以森林生态系统经营为核心，近十几年来林木生产量是吉林省的3.7倍。就我国森林生态系统的经营情况来看也是如此，吉林省汪清县林业局经过30年的努力培育出百万亩采育林，其木材年生产力达到6.2 m^3/hm^2、实验林达到7.7 m^3/hm^2，是全省平均水平的1.8～2.2倍。黑龙江和广西等省（区）也有相似的事例。可见，森林生态系统问题的解决与森林经营理念和技术密切相关，科学经营管理森林生态系统是我们必须坚持的核心工作。

大力加强森林生态系统的保护工作，通过森林生态系统经营实现森林的长期健康和稳定发展。我国森林生态系统经营工作受多方因素的干扰，在加强保护的同时没有与科学经营统一起来。保护不是消极被动地看仓库，森林也不是艺术品和金条银锭，而是一个有生命的系统，随时间的推移会不断变化。科学经营森林生态系统，不但可以使其数量多、质量高、效益好，甚至还会使其朝着更加稳定和多样化的方向演化。

新修订的《中华人民共和国森林法》（以下简称《森林法》）自2020年7月1日起施行，从法律上进一步明确了加强森林经营、提高森林质量、促进林业高质量发展的责任和权利。《森林法》总则的第六条明确了国家以培育稳定、健康、优质、高效的森林生态系统为目标，同时也提出采伐不仅是森林利用的手段，更重要的是调节森林结构、促进森林生长和正向演替的经营措施，森林资源的破坏是由人们长期以来以木材生产为目的的过度采伐造成的。经营是提高森林质量、建立健康稳定高效的森林生态系统的重要手段，是推动可持续发展的必然要求，必将为促进林草事业的高质量发展发挥重要作用。

2.3.2　森林生态系统保护的目的和任务

人口众多、资源紧缺、生态环境脆弱的现实决定了我国必须更加注重森林生态系统保护，构筑起国家生态安全的有效屏障。森林生态系统的保护与一般自然保护地相比占据主体地位，其作用是任何一种其他保护形式都不可替代的。

我国自1956年建立了广东省鼎湖山第一个自然保护区以来，历经60多年的发展取得了巨大成就，建立了数量众多的自然保护区、风景名胜区、地质公园、森林公园、湿地公园、沙漠公园、种质资源保护区、饮用水水源地保护区、野生植物原生境保护区、保护小区和野生动物重要栖息地等各类自然保护地，初步建成了比较完整的自然保护体系。

这些不同形式的保护地都或多或少地以森林为主要保护对象，所以把森林生态系统作为核心和主体，保护以乔木为主体的生物群落及其非生物环境综合组成的系统和自然综合体，构建完整而有效的保护形式，既是当前生态建设亟须开展的工作，又是最有效的途径。我国森林生态系统保护的根本目的是建设美丽中国，满足新时代人们不断增长的优美生态环境需求，具体目标是构建以国家公园为主体的森林生态系统保护体系，保存森林生态系统的自然本底、保护森林生物多样性、维护森林生态系统稳定、改善生态环境质量和保障国家生态安全。

森林生态系统保护的基本原则是根据我国自然、社会环境的特点实施科学有效的保护。保护山地资源是森林生态系统保护的核心。我国位于亚欧大陆东部、太平洋西岸，地理位置独特、地形地貌复杂、气候类型多样，山地占国土面积的70%，巍峨的群山和广袤的森林是中华民族的核心资源。只有通过森林生态系统的合理布局和保护的有效实施，保得住森林，才能保护好山川。同时，我国受地形地貌和季风环流的影响，既有热带、亚热带和温带季风气候，也有温带大陆性、高原山地和海洋性气候，由东南沿海向西北内陆水热条件空间分异明显，保护不同气候条件下的地带性森林生态系统具有关键作用。我国植被类型丰富，有森林、灌丛、草地和荒漠等，但森林覆盖率较低，通过不同森林植被类型的保护，可以减少人为不合理的活动对我国生物多样性资源的威胁、干扰和破坏。

森林生态系统保护必须从国家自然环境、经济状况和生态安全出发，既要系统全面又要重点突出，只有空间布局合理，才能生态效益明显。中国自然资源丛书编辑委员会在《中国自然资源：森林卷》一书中提出了保护以下7种类型森林生态系统的重点任务：①位于大江大河上游具有重要涵养水源和水土保持功能的森林生态系统；②位于沿海地区具有重要保护渔业生产和沿海居民生命财产安全作用的海防林生态系统；③位于风沙源区和城市周边地区具有重要防风固沙和保护人民生产生活安全的防风固沙林生态系统；④具有完整垂直带谱和重要环境功能的山地森林生态系统；⑤在国家重大生态工程建设中发挥重大生态、经济与社会作用的天然林和人工林生态系统；⑥位于国家木材储备基地且具有重要木材生产和储备功能的天然林和人工林生态系统；⑦由各级地方政府和国有企事业单位营造或管理的具有重要生态、木材、医药、景观和食用价值的人工林生态系统。

保护国家森林生态系统应从国家生态安全的战略需求考虑，依据我国整体生态环境状况和主体功能区的宏观布局，从体制、机制、机构、投入、保护、监测、科研和宣教等方面制定相应的保护对策，对全国森林生态系统进行保护，为我国建立起完善的以国家公园为主体的自然保护地体系提供支撑和保障。

2.3.3　森林生态系统的保护理念

为有效保护森林生态系统，应从森林分布和生物多样性的特点出发，科学制定保护规划，通过顶层设计优化空间格局；同时，需要在综合考虑人口、文化、经济发展、资源与环境承载能力的基础上，完善保护体系，修正保护管理模式，按照生态规律和环境要素的整体演化规律处理好保护与利用、生态环境与生产开发的关系，兼顾经济、社会和生态三大效益。

党的十八大以来，中央出台了有关生态文明建设和建设美丽中国的文件，给森林生态系统保护提供了重要的指导思想。尤其是习近平总书记关于生态文明建设的一系列讲话，给我们指明了森林生态系统保护的行动方向和工作原则，这是森林生态系统保护的根本遵循。习近平总书记指出生态文明建设是关系中华民族永续发展的根本大计，绵延5 000多年的中华文明孕育着丰富的生态文化，为开展森林生态系统保护提供了丰富而深刻的思想理念。

中华传统文化博大精深，在生态保护中领会其思想精髓、发扬其优秀内涵具有十分重要的现实意义。易经爻辞《比卦》记载："九五：显比，王用三驱，失前禽，邑人不诚，吉。"从中看出，君王狩猎常用"三驱"之法。《周易正义》说："凡三驱之礼，禽向己者则舍之，背己者则射之，故失其前禽也。"运用这种方法可以保证野生动物资源不枯竭，"天子不合围"的传统也由此代代相传。《史记·殷本纪》记载了著名的"汤去三面，德及禽兽"。孔子《论语·述而》主张"钓而不纲、弋不射宿"。孟子《孟子·梁惠王上》主张"数罟不入洿池，鱼鳖不可胜食也"。《孝经》则传播了"伐一木，杀一兽，不以其时，非孝也"的理论。

战国末年，秦国的环境法已初具雏形，湖北省云梦县睡虎山11号秦墓中出土的秦简记载了秦国的法律，后整理出《秦律十八种》。除了前代规定的春季不准乱砍滥伐，还有两条新规定：一是不得堵塞河流（壅堤水），二是非夏季不准焚烧草木灰当肥料。《荀子》以时禁发："草木荣华滋硕之时，则斧斤不入山林，不夭其生，不绝其长也。"称此为"圣王之制也"。《逸周书》记载，大禹在任时颁布禁令："春三月，山林不登斧，以成草木之长。夏三月，川泽不入纲罟，以成鱼鳖之长。"也就是在春季实行"山禁"，在夏季实行"休渔"。

古人保护环境、合理利用资源的很多思想值得我们借鉴，尤其是庄子的"盗亦有道"，王安石的"欲福天下则资之天地"等，都具有鲜明的生态智慧和文明理念。我们按照党中央的部署，结合新时代生态文明建设和传统文化思想，进一步厘清加强森林生态系统保护的各种关系，不再是过去那种一山一水、个别动植物的保护，而是系统的保护。从生态文明制度着手，进一步增强"绿水青山就是金山银山"的意识，建设美丽中国。

森林生态系统保护不同于自然保护区和国家森林公园等以自然地理区域为单元的保护地体系，它以自然界下垫面最高的生物成分为核心、以林木为主形成的森林群落和生态系统为对象，承袭了千百万年的自然演化遗产、生命进化的全部历史和积淀，具有重要的生态安全作用和经济价值。目前，森林生态系统正发挥着环境安全、生态修复、木材生产、畜牧养殖、集水区管理、野生动植物和休闲娱乐等多种功能。因此，我们不能简单地像建立保护区那样把这些资源从现行产业或生态过程中划分出去，否则会影响经济发展和人们的生产生活，最终还是会影响生态安全。所以，必须全面规划、权衡利弊，从体制、机制、机构、投入、保护、监测、科研和宣教等各个方面考虑，建立具有中国特色的森林生态系统保护地体系，突出重点、优化布局，按照自然条件、区位重要性等合理地进行我国森林生态系统保护的布局。

2.3.4　森林生态系统的保护格局

森林是生物群落或生态系统，其物种之间存在着紧密的相互作用，成为维持生态系统健康和稳定的基础，可是我们常常忽略了这个最基本的规律，有时仅以覆盖率作为唯一标准。森林生态系统是由生命有机体与环境相互联系形成的稳定结构并发挥一定的功能，这是森林生态系统保护的出发点和落脚点。

森林生态系统经常与特定的地区相联系，反映了一定地区的特性，具有随时间和地理区域不断发展演替的特征。森林生态系统中的生物具有产生、发展和死亡的变化过程，同时环境也在发展变化、不断更替，从而使整个系统具有发展变化的特征。森林生态系统是一个复杂的动态平衡体系，生物个体间存在着种内和种间的相互关系，生物与环境也密切联系且不断发展变化，通过反馈调节等机制使物种间及生物与环境间达到功能协调和动态平衡。森林生态系统都是程度不同的开放系统，不断与外界进行能量的交换和物质的输入输出，从而维持系统的有序状态并发挥有效功能。

在上述背景下，森林生态系统的保护就必须是动态的保护、开放的保护和适应的保护。应当充分认识到对多样性保护体系规划理论进行研究的重要性，以此为基础进行科学的自然保护体系的顶层设计，以实现自然保护领域的3个重大社会需求：①以最小的投入获得最佳的生物多样性保护效益；②在科学、必要的生物多样性保护基础上给予地方经济更多的发展空间；③有效应对全球气候变化的威胁。我国森林生物多样性保护面临很多挑战：一方面，长期的历史破坏导致严重的生境破碎；另一方面，生物多样性保护还面临地方经济发展的巨大压力。因此，国外的理论技术无法生搬硬套，必须建立能够适应我国特殊国情的保护体系规划理论和方法。如何以最小的投入获得最佳的生物多样性保护效益，相关的理论和技术是当前研究的核心课题。

生物多样性保护和可持续利用对森林的保护与可持续经营具有特别重要的意义。生物多样性格局对全球变化的响应，不仅影响到国际社会和各国政府对气候变化控制目标的决策，也是保护体系规划中气候变化应对策略的根本依据。目前，国际上虽然已经取得了一些重要的成果，但预测的准确性还存在着很大的不确定性，相关的理论和技术还需要大力研究和发展。我国在这方面的工作还极为薄弱，给长远的生态安全和经济发展带来不确定性，在这种情况下，保护好现有的森林生态系统资源就会永远立于不败之地。

对于森林生态系统的保护，还应该接受王如松院士的观点，即坚持以环境为体、经济为用、文化为常、生态为纲的原则，将生态建设融入经济建设、政治建设、文化建设和社会建设"五位一体"的大格局中，把政府和国家的意愿变成制度安排、主动行为和一种文化生活，通过生态文明制度建设达到建设美丽中国的根本目的。

党的十八大提出大力推进生态文明建设，要求增强生态产品的生产能力，扩大森林面积，保护生物多样性。建设生态文明就要切实承担起保护自然生态系统、促进绿色发展的重大职责，在改善生态、改善民生中发挥更大的作用。森林生态系统保护作为党和国家生态建设的一项重要内容，是生态与民生的最佳结合点，是建设现代化、促进绿色增长和实现科学发展的重要举措。

2.4 本章结语

森林是国家战略资源，关系到工农业生产和生态安全，所以我们不仅要从森林、林木和动植物的角度来认识森林，更要从生态系统的角度来保护森林，让其发挥更大的生产功能和生态效益。但森林既不是"钻石"，也不是"名画"，而是一类有生命的不断进行能量流动和物质循环的开放系统。所以，森林生态系统的保护就不能像"看仓库"一样封闭，而要动态保护和科学经营。要针对每一片森林的具体情况，采取适当的经营措施，尽量兼顾并各有侧重地争取多种经济收入。文明需要物质财富和精神财富的积累，生态文明更需要将物质产品生产、生态产品生产与文化产品生产相结合。我国著名的林学和生态学专家沈国舫院士曾建言："实现从绿水青山到金山银山的转变，必须对山水林田湖草这个自然综合体进行科学的可持续经营。"

参 考 文 献

［ 1 ］Barnes B，Zak D R，Denton S R，et al. Forest Ecology［M］. New York：John Wiley & Sons，1998.

［ 2 ］Li Junqing，Zhu Ning. Structure and Process of Korean Pine Population in the Natural Forests［J］. Forest Ecology and Management，1991，43（1）：125-135.

［ 3 ］［美］丹尼尔 T W，海勒姆斯 J A，贝克 F S. 森林经营原理［M］. 赵克绳，王业速，宫连城，等，译. 北京：中国林业出版社，1987.

［ 4 ］［加］金明仕. 森林生态学［M］. 文剑平，等，译. 北京：中国林业出版社，1992.

［ 5 ］李俊清，顾兆君. 红松林种子、鼠类和幼苗动态数学模型［J］. 东北林业大学学报，1988，16（4）：44-51.

［ 6 ］沈海滨. 红河梯田［N］. 光明日报，2013-02-19（12）.

［ 7 ］唐守正. 现代森林经营概论［EB/OL］. 中林联智库.［2018-10-10］. https：//mp.weixin. qq.com/.

［ 8 ］中国自然资源丛书编辑委员会. 中国自然资源：森林卷［M］. 北京：中国环境科学出版社，1995.

［ 9 ］周生贤. 中国林业的历史性转变［M］. 北京：中国林业出版社，2002.

第3章

草地生态系统管理与
生态文明

——————

XIN**SHIDAI**
SHENGTAI WENMING
CONGSHU

3.1 引言

草地是我国陆地面积最大的生态系统，具有重要的生态、经济、社会和文化功能。首先，草地生态系统与森林生态系统统称为地球的"两叶肺"，具有很强的涵养水源、固碳释氧、调节气候、防风固沙和净化空气等功能，也是大量草地生物的栖息地、繁衍地和诸多名贵药材的产地。其次，草地作为牲畜主要的饲草料来源基地，是畜牧业生产的基础。再次，草地是众多少数民族世代生活的家园，占据我国大部分边境地区，对多民族团结和边疆稳定发挥着重要作用。最后，草地还是中华文明重要的发祥地之一，秉承了尊重自然、顺应自然、保护自然的理念，草原文化体现了生态文明思想。

党的十八大将生态文明建设纳入中国特色社会主义"五位一体"的总体布局，建设草地生态文明是推进绿色经济发展的必由之路，是建设中国特色社会主义不可或缺的一部分，建设美丽草原应为生态文明建设作出更多贡献。近年来，我国草地保护修复工作取得明显成效，对保障国家生态安全、维护边疆稳定、促进地区经济社会可持续发展和农牧民脱贫增收发挥了重要作用。

但是，当前我国草地保护工作基础薄弱，投入、监管和科技等方面的支撑保障能力还不强，加上长期以来人们对草地的功能和价值认识不足，超载放牧等非理性开发使其面积减少、质量下降、生态恶化的状况尚未得到根本扭转，成为生态文明建设的短板，亟须进一步加强草地生态保护，加快推进草地生态文明和美丽中国建设。

3.2 草地和草地生态系统

3.2.1 草地

草地是指生长草类的土地，或有形成草层（草被）的多年生草本植物的地区。草地具有多种含义，表达词汇也很多。在我国，草地、草原、草场和草坡等名称常混合并用；在英语国家中，grassland、range、pasture和meadow等也交叉使用。其原因有二：一是分布于世界各地的草地有各自的特点和不同的生产发展阶段，因此会在表述上产生差异；二是随着草地由单一的畜牧业生产基地向多种用途发展，其含义会在原有理解的基础上加以扩展和延伸。王栋先生于1952年对草原与草地的含义进行了区分。草原的定义为因风、土等自然条件较为恶劣或其他缘故不适于耕种农作、不适于生长树木，或因树木稀疏而以生长草类为主，只适于经营畜牧业的广大地区。草地的定义为凡是生长或栽培牧草之地（无论所生牧草之高低，一种牧草或是混生的多种牧草）都称之为草地。

《中华人民共和国草原法》明确规定：草原是指天然草原和人工草地。天然草原包括草地、草山和草坡，人工草地包括改良草地和退耕草地。草原是由以草本植物和灌木为主的植被覆盖的土地。在我国，草原与草地的含义相同。随着时间的推移和在实践中的应用，草地和草原的概念日趋混同，在本书中不作区分。

3.2.2 草地生态系统

草地生态系统是由生物成分和非生物成分两大部分组成，所有组成成分紧密联系，彼此相互依存、相互作用，构成一个系统整体——草地生态系统。草地孕育了丰富的生物多样性，绿色植物等自养生物作为草地生态系统的生产者，能够进行光合作用，将太阳能转变为化学能，将无机物转化为有机物，不仅满足自身生长发育的需求，也是其他生物类群的食物和能源的提供者，为整个生态系统的循环发展提供必需的能量。草地生态系统中的家畜及家禽，如牛、羊、马、骆驼、猪、鸡和鸭等，还有野生动物，与生产者形成食物链，成为草地生态系统的消费者。草地生态系统中还存在一些分解者，主要有细菌和真菌等生物，它们分解植物和动物的残体及各种复杂的有机化合物，分解者的分解还原作用是草原生态系统中不可或缺的部分，如果没有这一过程的进行，整个草地生态系统将会停止运转，整个生物圈也不复再生。非生物成分是生物成分的外界环境部分，包括空气、水分、土壤、气候因素和水文地形条件，非生物成分的变化会影响整个草地生态系统的结构变化。因此，草地生态系统自身是一个运行有序的有机系统整体。草地生态系统能够自给自足，内部各要素彼此联系形成一个自组织、自协调和动态平衡的系统，通过从周围环境吸收物质和能量促进自身发展。

综上所述，草地生态系统具有以下特点：

一是具有数量、质量、空间结构等方面的属性。草地有一定的面积分布，其面积大小、产草量、载畜量及第一性生产力的高低是草地的数量属性。草地牧草品质的优劣，即牧草的营养成分、利用率、毒害草的多寡、冷季保存率的高低、适合放养家畜的范围和自然灾害状况等是草地的质量属性。各种类型草地在纬度、经度和海拔高度组成的三维空间中的分布格局与组成结构是草地的空间结构属性。

二是具有整体性。草地生态系统是由大气、土地等环境因素和生物因素共同构成的一个有机整体，并且受到人类活动的影响。在特定的水热条件下可以形成特定的土壤、植被、家畜、野生动物和微生物群体，从而形成特定的草地类型，这进一步反映出草地生态系统的整体性。大气、土壤、植物、动物及人类活动等各因素相互作用、相互影响，决定了草地这个复杂的生态系统是趋于发展还是衰退。

三是具有分布地域性。水分与热量的组合状况对草地生态系统分布具有决定性作用。草地往往分布于湿润的森林区与干旱的荒漠区之间。由于气候、水热条件的差异，在全球范围内形成了多种多样的草地类型，各种类型在数量、质量、组合特征及生产性能上均有很大差别，从而使草地生态系统具有分布地域性。

3.3 我国草地资源类型与分布特征

3.3.1 我国草地资源的类型与分布

我国是草地资源大国，天然草地面积为 $3.92 \times 10^8 \, hm^2$，占国土总面积的41.7%，可利用草地面积占总草地面积的84.26%，是世界第二大草地资源国家。草地面积是耕地面积的3.2倍、森林面积的2.5倍，是我国面积最大的陆地生态系统。我国国土面积辽阔、海拔高差悬殊、气候千差万别，因此孕育了多种草地类型。

1. 按草地资源的分类原则划分

20世纪80年代初，我国开展了首次全国统一草地资源调查，按照调查分类原则可以将我国草地划分为18个类别，具体包括高寒草甸类、温性荒漠类、高寒草原类、温性草原类、低地草甸类、温性荒漠草原类、热性灌草丛类、山地草甸类、温性草甸草原类、热性草丛类、暖性灌草丛类、温性草原化荒漠类、高寒荒漠草原类、高寒荒漠类、高寒草甸草原类、暖性草丛类、沼泽类和干热稀树灌草丛类。

其中，高寒草甸类草地面积最大，有5 883.42万hm²，占全国草地总面积的17.77%，集中分布在我国西南部的青藏高原及外缘区域。其次是温性草原类草地、高寒草原类草地和温性荒漠类草地，这三类草地各占全国草地总面积的10%左右。以上四类草地面积之和占全国草地总面积的一半，且主要分布在我国北部和西部地区。高寒草甸草原类、高寒荒漠类、暖性草丛类、干热稀树灌草丛类和沼泽类草地的面积较小，各占全国草地总面积的不到2%。其余各类草地总面积占全国草地总面积的2%～7%，居于中等。

2. 按草原植被地带性分布特点划分

按草原植被地带性分布特点可将我国草原划分为北方干旱半干旱草原区、青藏高寒草原区、东北华北湿润半湿润草原区和南方草原区四大生态功能区域，它们在我国国家生态安全战略格局中占据着十分重要的位置。

北方干旱半干旱草原区位于我国西北、华北北部及东北西部地区，涉及河北、山西、内蒙古、辽宁、吉林、黑龙江、陕西、甘肃、宁夏和新疆10个省（区），全区域草原面积为15 995万hm²，占全国草原总面积的41.7%。该区域是我国北方重要的生态屏障，气候干旱少雨、多风，冬季寒冷漫长，草原类型以荒漠化草原为主，生态系统十分脆弱。

青藏高寒草原区位于青藏高原地区，涉及西藏、青海全境及四川、甘肃和云南的部分地区，全区域草原面积为13 908万hm²，占全国草原总面积的35.4%。该区域是长江、黄河、雅鲁藏布江等大江大河的发源地，是我国水源涵养、水土保持的核心区，享有"中华水塔"之称，也是我国生物多样性最丰富的地区之一。区域内大部分草原在海拔3 000 m以上，草原类型以高寒草原为主，气候寒冷、牧草生长期短，草层低矮，产草量低，生态系统极度脆弱。

东北华北湿润半湿润草原区主要位于我国东北和华北地区，涉及北京、天津、河北、山西、辽宁、吉林、黑龙江、山东、河南和陕西10个省（市）。全区域草原面积为2 961万hm²，占全国草原总面积的7.5%。该区域是我国草原植被覆盖度较高、天然草原品质较好、产量较高的地区，也是草地畜牧业较为发达的地区，发展人工种草和草产品加工业潜力很大。

南方草原区位于我国南部，涉及上海、江苏、浙江、安徽、福建、江西、湖南、湖北、广东、广西、海南、重庆、四川、贵州和云南15个省（区、市）。全区域草原面积为6 419万hm²，占全国草原总面积的16.3%。该区域水热资源丰富，牧草生长周期长、产草量高，但资源开发利用不足，部分地区面临石漠化威胁，水土流失严重。

3.3.2　我国草地资源的特点

1. 草地面积大、分布广

我国草地区域十分辽阔，南北延伸17个纬度、东西绵延44个经度，遍布全国各省（区、市），在年降水量小于400 mm的干旱和半干旱地区都有分布，包括西北部的内蒙古、青海、新疆、西藏、宁夏和甘肃，黑龙江、吉林、辽宁省西部，以及河北、四川、陕西北部、山西西北部和云南西北部。在南部和东部湿润区，草地主要分布于云贵高原、贵州西南、广西西北、湖北西部、湖南西部、四川盆地盆周山地及南岭、太行山和大别山等山地、江南丘陵和山东中南部、东南部海岸带。西藏、内蒙古、新疆、青海、四川和甘肃6个省（区）是我国的六大牧区，天然草地面积占全国草地总面积的74.7%（表3-1）。其中，西藏的天然草地面积最大，其次是内蒙古、新疆和青海。以上4个省（区）的天然草地面积之和占全国草地面积的64.4%。草地面积达1 000万hm²以上的省份还有四川、甘肃和云南。其他各省（区、市）的草地面积均在1 000万hm²以下，海南、江苏、北京、天津和上海5省（市）的草地面积较小，均在100万hm²以下。

表3-1 我国天然草地资源分布

区域	天然草地面积/万hm²	占全国比例/%	可利用面积/万hm²	面积排序
西藏	8 025	20.4	7 085	1
内蒙古	7 880	20.1	6 359	2
新疆	5 726	14.6	4 801	3
青海	3 637	9.3	3 153	4
四川	2 254	5.7	1 962	5
甘肃	1 790	4.6	1 607	6
全国	39 283	—	33 100	—

资料来源：数据来自《中国草地资源》（1994 年），农业部畜牧兽医司编。

2. 草地类型众多、地带性强

由于我国草地分布地域广阔，横跨热带、亚热带、温带和寒带等气候带，各地气候、土壤、地形和植被等自然条件复杂多样，因此形成了众多的草地类型。根据热量和水分条件的差异，可将我国天然草地划分为三大区域：青藏高原高寒区域，其特点是寒冷干旱、适宜放牧；温带草原荒漠区域，其特点是干旱或超干旱，适宜种草放牧；南方、华北山地和沿海滩涂区域，其特点是地形陡峭或土壤瘠薄，多砾质，不宜耕作，适宜种草放牧。

3. 草地植物资源丰富

我国草地植物物种十分丰富，据第一次草地资源普查统计，初步查明我国仅草地饲用植物就达246科1 545属6 704种。其中，在被子植物门中饲用植物种类丰富，有177科1 391属6 262种，包括优等牧草295种、良等牧草870种。豆科与禾本科的种类最丰富，组成最复杂，优良种类最多，利用价值最高。在豆科1 231种中，优等和良等牧草分别有90种和234种；在禾本科的1 127种中，优等和良等牧草分别有157种和404种；在其他175科的3 904种中，优等牧草仅有48种，占优等牧草总种数的16.27%。相对于各类草地上分布着的丰富饲用植物种类，人工栽培的牧草仅占野生饲用植物种数的5%。各类草地中大量优良牧草具有驯化培育成人工草地种植牧草的潜力。可见，我国草地植物资源的开发潜力巨大，进一步确认这些植物的饲用价值并加以利用对发展我国畜牧业生产具有重要意义。

4. 草地退化、荒漠化严重

我国草地资源在社会经济和可持续发展中占有非常重要的地位，应当引起充分重视。然而，由于草原地区多数属于干旱半干旱气候区，加上人口增多和社会经济活动逐渐加强，且人们对草地资源的生态功能和重要作用认识不够，长期以来重农业轻草业、重草原利用轻保护建设、重生产轻投入、重经济效益轻生态效益、违背自然规律的超载过牧甚至大面积开垦等，使草原生态环境受到破坏，草地资源不断减少。自20世纪80年代以来，草地退化趋势明显加强。

2000年以来，在北方牧区2.24亿hm²的可利用草地中，已明显退化的面积有0.467亿～0.667亿hm²，其中有0.133亿hm²退化为沙漠，并以每年133.33万～200.00万hm²的速度不断扩大。草地生产力较20世纪50年代普遍下降了30%～50%，且鼠害、虫害严重，毒草、不可食牧草比例增大。草地资源的破坏给人类的生存环境造成了巨大的危害。我国北方受荒漠化影响的区域已超过国土面积的1/3，并仍以每年约2 000 km²的速度扩大。目前，尽管国家十分重视生态建设并着手遏制生态环境恶化，但在全国生态环境保护与建设中对草原的投入比例偏低，应该进一步加强对草地资源生态重要性的重视。

3.4 草地的重要功能

3.4.1 草地是重要的自然资源

1. 草地资源

草地是草本和木本饲用植物与其所着生的土地构成的具有多种功能的自然综合体。它包含了可为人类利用的自然资源的内涵，与农地、林地、荒地、湿地、沙地和滩地等一样，具有一种自然资源的属性。

草地生长的草本植物，或兼有灌丛和稀疏乔木，可以为家畜和野生动物提供食物和生产场所，并可为人类提供优良的生活环境、其他生物产品等多功能的草业生产基地。草地可以用以饲养家畜，草地上的植物可以用来放牧或刈割饲养牲畜，生产肉、奶、毛、皮等畜产品，是草地畜牧业最重要的物质基础。草地上的许多植物可以制药、造纸、酿酒和酿蜜，具有经济生产潜力；草地还有防风固沙、涵养水源、防止水土流失和保护生态环境等多种作用；草地构成丰富的自然景观，可供人们观赏旅游；草地还养育了许多珍贵的野生动物，成为它们的繁衍生息之地。

2. 草地资源的特点

草地资源是重要的可再生资源，是人类创造社会财富的主要源泉之一，同其他自然资源相比，具有可更新性、可培育性和有限性。

（1）草地资源的可更新性

草地资源在年复一年的生长、发育和更新过程中，成为人类经营利用、进行草地畜牧业生产的基本保证。只要在合理的经营管理条件下，草地的生产力就可以不断地得到补充、恢复和增长，草地资源可以继续保持一个周而复始、不断更新的良好状态。

（2）草地资源的可培育性

人们可以按照一定目的对草地资源进行培育，在人们的干预下，草地可以从一种形态转变为另一种形态。例如，合理的经营管理手段和利用制度可以使低产草地变为高产草地，使草地资源的形态向着有利于生产的方向发展。

（3）草地资源的有限性

草地的面积及数量是有限的，在一定社会生产力和技术水平条件下，人们能够利用草地资源的能力也是有局限性的。有限的草地资源与利用上的局限性最终反映为草地资源的有限性。

3.4.2　草地的生产、生态及文化功能

草地占据着地球上森林与荒漠之间的广阔中间地带，覆盖着地球上许多不能生长森林或不宜进行农业生产的自然条件严酷的地区。草地生态系统有自身的内在价值和创造性价值，在物质循环和能量流动的过程中，不仅可以为人类持续不断地生

产所需要的食物，成为草地畜牧业发展的物质基础，还可以调节和改善人类生存的环境，在保护生物多样性、涵养水源、净化空气等方面起到重要作用。草地在防止土地风蚀沙化、水土流失等方面的功能往往是森林所不及和不能替代的，这使其成为重要的生态屏障。除此之外，草地还是众多民族的发源地，是人类精神文化的载体，孕育着民族特色的草原文化。可见，草地资源对维护生态平衡、保护人类生存环境、促进国民经济与社会发展发挥着重要作用，对人类的生存和发展有着举足轻重的作用。

1. 草地的生产及经济功能

草地具有重要的生产及经济功能，草场为畜牧业生产发展提供了物质基础，牧民的生产、生活依赖于草原，草场数量的多少、质量的高低将直接影响牧民的生活水平。

（1）草地是畜牧业生产的物质基础

草地为家畜和野生动物提供了采食和栖息的地方。据草地资源调查资料统计，我国天然草地上已知有饲用植物6 704种，其中属于我国草地特有的饲用植物达490多种。天然草地所提供的大量饲草成为家畜重要的进食来源，它是畜牧业生产的物质基础。

（2）草地蕴含丰富的动植物资源

草地是重要的动植物基因库。草地上生长和栖息的大量动物、植物包含了丰富的种质资源，为家畜和栽培植物品种的选育提供了极其宝贵的材料。天然草地上除分布着丰富的饲用植物外，还分布着大量有经济、药用价值的植物资源，如甘草、麻黄草、冬虫夏草、苁蓉和白蘑等；野生动物达2 000多种，其中有14种国家一级保护动物，如藏羚羊、野牦牛、马鹿、雪鸡和雪豹等；有放牧和家畜品种250多种，主要有绵羊、山羊、黄牛、牦牛、马和骆驼等，其中很多品种，如滩羊、蒙古牛和蒙古马等是我国特有的家畜品种资源。这些资源是发展畜牧、纺织、食品、乳品、皮革、制药及贸易等多种经济的原料基础。

（3）草地是发展旅游业的重要资源

草地形成了独特而秀丽的自然景观，成为旅游业发展的重要资源，人们越来越热衷于草原观光旅游和休闲度假，感受草原的独特文化。近年来，草地资源生产功能的重要性在下降，其他如观赏、旅游、生态等商业用途价值在逐渐上升。

2. 草地的生态功能

草地是面积最大的生态屏障，在净化空气、涵养水源等方面起着重要作用，净化着人类生存的环境空间。

（1）草地的调节气候、涵养水源功能

天然草地可以截留降水，对涵养土壤中的水分有积极作用。草地具有调节气温和空气湿度的能力。与裸地相比，草地的湿度一般较裸地高20%左右。由于草地能吸收辐射到达地表的热量，故夏季地表温度比裸地低，而冬季地表温度比裸地高。

（2）草地的防风固沙、保持水土功能

草地防止水土流失的能力明显高于灌丛和林地，还可以减少地表径流，对防风固沙和保持土壤水分有很大作用。

（3）草地的改良土壤、培肥地力功能

草地庞大的根系在根系微生物的作用下，可促进土壤中团粒结构的形成和物理性状的改变，增加土壤渗水、通气和保水能力。豆科牧草的固氮能力可为草地生态系统提供大量的氮肥。

（4）草地的净化空气、美化环境功能

草地植物可以吸收二氧化碳释放氧气。据测算，25 m^2的草地就可以使一个人每昼夜呼出的二氧化碳全部还原为氧气。有些牧草可以吸附大气中的尘埃起到净化空气的作用，具有缓减噪声和释放负氧离子的作用。

3. 草地的文化功能

我国天然草地主要分布在边疆与少数民族聚居地区，该区域居住着43个少数民族，占全国少数民族的78%。长期以来，各少数民族在草原上生活，形成了特有的民族文化和传统。草原文化是草原民族在长期实践中形成的独特生产生活方式、社会制度、风俗习惯及宗教信仰，具有几千年的历史，它是草原民族智慧的结晶。草原这种独特的自然环境，决定了游牧成为其独特的生产方式，并在实践中形成了崇尚自然、万物有灵的朴素生态意识，实现了人与自然和谐的生态关系。草场的生长受全年降水量、光照等因素影响，生长的数量是有限的，因此游牧的方式减少了草场不必要的消耗，在保证一定数量牲畜的基础上保持了草原的承载力，并为草原提供了自我恢复的时间。

3.5 草地生态文明建设

3.5.1 草地生态文明

草地作为陆地上最大的生态屏障，密切联系着人类的生存环境，也是发展畜牧业的载体，草场的好坏直接影响着牧区人民生活质量的高低。我国是世界第二草原大国，草地面积占国土总面积的41.7%。草地是发展畜牧业的前提，也是牧区人民赖以生存的物质资源；同时，草地也是我国覆盖面积最广的绿色屏障，是整个生态系统中不可分割的一部分，是不可替代的重要战略资源，承担着人类生存和发展的全部活动，具有民族特色的草原文化是人类精神文化的载体。因此，建设草地生态文明已经成为中国特色社会主义建设中不可或缺的一部分，是推进绿色经济发展的必由之路。

1. 草地生态文明的重要意义

草地生态文明作为生态文明中不可或缺的一部分，以草原生产方式为基础，更加强调人—草原—社会的整体性、协同性，要求正确认识处理人与草原的关系。草地生态文明建设就是要从根本上改变传统工业单纯追求经济增长的粗放型经济发展方式，摒弃传统经济发展中对草地资源、环境产生的负效应，创建符合生态文明要求、人与草原和谐相处的新的发展模式。其发展理念是以可持续的生产和生活方式进行实践，在正确认识和处理人与草原关系的基础上尊重草原、遵循自然规律，促进草地生态系统内部各要素的协调发展。人与环境的相互协调是草地生态文明发展的前提，要转变草地是被人利用的工具的观念，转变生产、生活方式，尊重草原上的生命，倡导草原与人类社会的协调发展，科学合理地开发及利用草原，建立和谐的伙伴关系，保护和发展好我们赖以生存的家园，这样才能为自身及社会的蓬勃发展提供源源不断的物质保障。

草地生态文明建设有利于扭转传统的生产、生活方式，建立可持续的发展模式，进一步解决环境保护与经济发展的矛盾，满足高质量发展的迫切需求；同时，有助于弘扬草原文化，形成一种尊重自然、敬畏自然、人与自然和谐相处的美好状态。

2. 草地生态文明的发展历程

人类文明经历了原始文明、农业文明和工业文明的历史阶段，同样，草地生态文明的发展进程也经历了这些阶段。

（1）原始文明和农业文明

原始文明和农业文明这一时期，人与草原的关系基本是和谐的。人类认识和改造自然的能力受生产力水平的限制，因而顺从、敬畏草原，对草原生态的破坏程度比较低，草原生态可以依靠自我修复得到恢复。几千年来，草原畜牧业的发展一直以草地的自然再生和牲畜产品的初级产出及再加工来维持，扩大生产规模的唯一途径就是加快牲畜繁衍，虽然这有利于增加收入，但不可避免地加大了草原的承载量，加快了草原的退化。

（2）工业文明

工业化时期是人类运用科学技术改造自然取得空前胜利的时代，随着人类改造自然活动的增多，人与自然的矛盾也越来越突出。人类认为凭借知识和技术就足以征服草原、驾驭草原。为满足自身利益的追求，人类大力开采草地资源，造成草原生态破坏，从而威胁到人类的生存发展。工业文明破坏了草原生态的平衡，继续沿用传统工业的经济发展方式必将造成资源短缺、环境恶化，使草地生态系统的承载能力下降，抵御各种自然灾害的能力减弱，这将带来严重的生态问题，变革新的经济发展方式已经刻不容缓。

（3）生态文明

自工业文明之后，过分追求经济发展而忽视生态的行为带来了水土流失、环境污染、水资源短缺及全球气候变化等很多问题，威胁到人类生活的方方面面，人们不得不开始注重生态文明建设。草地生态文明以草原生产方式为基础，形成人—草原—社会协同发展的物质文明和精神文明的融合。其发展理念是以可持续的生产和生活方式进行实践，在正确认识和处理人与草原关系的基础上尊重草原、遵循自然规律，促进草地生态系统内部各要素的协调发展。草地生态文明建设扭转了人类以往高投入、高排放、高污染的传统生产和生活方式，推行绿色经济发展模式，在发展经济的同时更加注重生态效益，为草原生态环境的保护指明了方向。

3.5.2　草地生态文明构建

1. 我国草地生态系统存在的问题

（1）草地生态系统功能退化

由于人们对草地的功能和价值认识不足，长期实行超载放牧等非理性开发，草地面积减少、质量下降，草地生态系统处于退化状态。农业农村部有关资料显示，自1950年以来，经过四次大垦荒，全国近2 000万hm²的草地被开垦为耕地，其中一半已被荒废为裸地或沙地。目前，我国90%的可利用草地仍存在不同程度的退化，超载过牧问题日益突出，草地长期得不到休养生息，其质量和生产功能不断下降。

草地生态系统通过能量流动和物质循环进行生物与环境之间的交流。例如，生物为了生存和繁衍，要从周围的环境中吸取空气、水分、阳光及热量等物质；生物生长繁育又不断向周围环境释放各种物质。这是草地生态系统自身维持发展的最基本功能。一旦这种能量的传输出现缺口，物质循环、能量传递无法实现流通，新陈代谢不能正常完成，草地生态系统的负反馈作用将逐渐减弱。

（2）草地生态系统结构失衡

草地生态系统是由初级生产者、消费者、分解者构成的整体。初级生产者主要以草本植物为主，它是生态系统中最基础的成分，是环境的强大改造者，有力地促进了物质循环，释放生物圈中生命生存所需的多种元素。而消费者主要指草原上的大型草食动物，直接或间接利用植物所制造的有机物进行能量的传递、物质的交流和信息的传递，促进了整个生态系统的循环和发展，维持着草地生态系统的稳定。分解者的作用是对动植物遗体的有机物进行分解，并供给绿色植物再利用。消费者与生产者构成食物链，各级间相互制约。但从总体来看，当前草地生物物种持续减少，很多物种濒危，甚至出现生物链断层。

因此，当草地生态系统出现结构失衡，其内部的各层次也会遭到破坏，呈现不稳定的状态，低层次系统向高层次系统发展的趋势受到阻碍，最终导致草地退化甚至变成不毛之地。

（3）公众生态意识薄弱

生态文明是以人与自然和谐相处为核心的，因此要正确处理人类自身活动与周围自然环境间的相互关系，并以此规范人类的活动。人类在经历了雾霾天气、草地退化及水污染等事件后，对开展草地生态文明建设形成了紧迫感，认为恢复草场、保护草原已经成为刻不容缓的事情。但是，公众并没有把自己置身于草地生态建设的执行者角色，更多的是以一个环境污染的受影响者的角度来认识问题，将自身建设草地生态的责任割裂开，缺乏参与意识，认为草地治理的主体是政府和从事畜牧业生产的人员，这反映了公众缺乏对生态文明理念的认识，生态意识淡薄。

（4）草原文化的影响

旅游业的发展在一定程度上影响着草原文化原有的内涵。旅游业作为生态产业发展的新兴方向，近年来在我国经济的高速增长中充分发挥了自身的价值。各地政府开始大力宣传本地区的旅游特色，丰沃的草场不可避免地成为旅游景区宣传的主题。外地人口为了借助草原文化来发展商机，纷纷迁入草原占地开发，草原上原住民的生活方式也变得多种多样，草原文化受到了冲击。草原生态的承载量与日俱增，人与草原的矛盾越来越突出，牧民仍然置生态于不顾。旅游者对草原的践踏，乱扔垃圾带来的污染加大了对草原的破坏。从长远来看，无序的旅游开发将使草原文化失去存在的载体，随之造成草原生态的恶化。

（5）人类的生产、生活方式不合理

草地的生长受地区环境和气候条件的限制，不是所有地方都具备孕育草场的条件，而草原地区的人口不断增多则会造成人口压力，降低草地的承载量。人口的压力给草地带来了一定的负面影响，它是造成草地生态系统结构、功能失调的直接原因。但是，人类不合理的生产、生活方式才是造成草地生态长期得不到恢复的根本原因。虽然粗放型的经济增长方式至今有所改观，但尚未得到根除，不少牧民仍然依靠大量投入生产要素来促进经济增长，仍然持续"高投入、高消耗、高排放"的发展方式，然而获得的收益却越来越少。这种增长方式只注重发展的规模而不注重发展质量的提高，忽视了生态治理与保护，形成了一种与经济、社会发展和生态保护背道而驰的状态，只追求当前利益而忽视长远利益。

（6）不健全的制度体系和法律法规

当前我国草地生态文明建设正处于发展的关键时期，完善健全的制度体系和法律法规有利于对草地的保护及管理进行引导、制约和规范。但从目前来看，我国草地生态文明制度体系和法律法规所起的作用仍十分有限。一方面，这种制度体系和法律法规还不够健全、不够完善，生态环境、资源和能源各相关部门的利益纷争在短时间内难以得到协调；另一方面，草地生态文明制度体系和法律法规的实施力度及可行度远远不够，不能从根本上进行治理和改善。

草地生态文明的法律法规仍然有空档存在，覆盖领域不全，对草地破坏的行为处罚力度较轻，不具备一定的约束力。当前，我国对草地造成破坏的行为绝大多数采用经济处罚，违法成本低，对违法行为不具威慑力。

2. 构建草地生态文明

（1）完善体制机制

在保护草地生态的前提下，建立草地保护制度、推行草畜平衡制度、合理实行禁牧休牧制度，以政策扶持牧民走向现代化畜牧产业之路，主动地保护草原才是解决问题的有效途径。

首先，要健全完善草地管理组织体系，加强草地行政主管部门与监督管理机构的协调合作。其次，要改进政府绩效评比机制，健全绿色GDP评价体系，建立草地自然资源资产负债评估机制。不再以单纯的经济增长作为考核标准，把发展过程中的资源消耗、环境消耗和环境收益纳入经济发展的评价体系。要转变政府传统的工作方式，以实现人与自然和谐发展作为工作职责，不能因为政绩工程、利益而忽略生态效益。

要建立草地生态补偿机制。为恢复草地生态，营造一个良好的自我调节环境，禁牧休牧制度可以有效缓解草场压力，让草地得以休养生息。但是，禁牧时牧民不能利用自然草场进行饲养，需要通过购买饲料来补足饲草缺口，这在一定程度上增添了牧民的经济压力，使牧民成为草地退化的"承担者"。草地的恢复与建设不单是牧民的事情，而是每个公众的责任；牧民不仅是畜牧业的生产者，更是草原生态的守护者。因此，当前亟须建立草原生态补偿机制来调动牧民建设和保护草地的积极性。草地生态的保护和建设所造成的经济花费不应由草原地区独自承担，其他地区也应作出相应补偿，同时，那些对草地资源进行开发的商人、利用草地资源进行生产的实体企业也需要对草地进行生态补偿，坚持"谁受益、谁补偿"的原则。

（2）加强政策支持

政策引导对于促进草地生态文明建设发挥着重要的作用，因此需要加强草地生态文明建设的政策支持。首先，建设草地生态文明需要政策的大力宣传。政策的引导性、激励性和宣传性的特点能够产生良好的教化和传播效果，让人与自然和谐发展的理念深入人心，积极动员公众更多地加入到建设实践中去。其次，建设草地生态文明需要政策的有效激励。草地生态文明建设不是一蹴而就的，需要政策和行为的具体落实，它是一个长期、渐进的过程。在草地生态文明建设的初级阶段，畜牧业是草原地区唯一的支柱产业，对于草地这种单一经济结构，国家需要给予更多的政策扶持帮助牧区发展经济。推行畜草双承包政策可以充分调动牧民的积极性，国家将草牧场以承包的形式把经营权交给牧民，把草地保护和建设的责任落实到户。过去，牧民共同使用一块草地，在利益的驱使下每个人尽可能多地放牧，给草原造成了一定的压力。现在，每户拥有自己的草地，相应地就会投入更多的精力治理和保护草地，政策的支持将加快草地生态文明建设的进程。

（3）健全法律保障

草地生态文明体制机制的完善、政策的支持都需要得到法律的保障才能顺利实施。一方面，法律法规具有约束性，能够从国家层面保障草地生态文明建设成果得到有效的确认，并通过承担相应的法律责任约束、制止破坏草地生态文明建设的行为。另一方面，必须做到执法必严才能够实现立法的目的。对管理部门的内部机制也要进行一系列的改革，完善各执法部门的衔接，形成系统的工作环境，为草地生态文明建设建立坚固的保障防线。

（4）传承草原文化

草原人民的生产、生活凝聚着生态之光，蕴含着草原民族对草原生态的深层关怀。草原文化始终蕴含着和谐的理念，崇尚自然、顺应自然，与草地生态文明理念有着异曲同工之处。传承和弘扬草原文化，有利于实现经济效益与社会效益的统一，建设草地生态文明的核心问题就是如何实现经济增长与环境保护相统一。传承草原文化可以帮助人们形成一种简约的理念，崇尚自然、敬畏自然、保护草原，在追求经济发展的过程中注重草原环境的承载力和资源的持续再生。草原文化与草地生态文明建设有着相同的核心理念，草原文化中的"天人合一"理念以及游牧的生产方式很好地实现了人与草原的相互和谐，对弘扬民族文化、增强民族团结、促进社会和谐稳定具有重要意义。

3.6 案例：草原自然资源资产负债表编制

3.6.1 研究背景

《中共中央关于全面深化改革若干重大问题的决定》提出，"建设生态文明，必须建立系统完整的生态文明制度体系，用制度保护生态环境，对限制开发区域和生态脆弱的国家扶贫开发工作重点县取消地区生产总值考核；探索编制自然资源资产负债表，对领导干部实行自然资源资产离任审计；建立生态环境损害责任终身追究制。"编制自然资源资产负债表是对传统的国民经济核算体系缺陷的重大改进和完善，是建立系统完善的生态文明制度体系中最重要、最基本的要求之一，由于国内外对编制自然资源资产负债表还没有成熟的方法制度，因此在这一领域尚需要持续深入的研究和探索。

习近平总书记指出，"要探索编制自然资源资产负债表，对领导干部实行自然资源资产离任审计，建立生态环境损害责任终身追究制。也就是说，不仅要增加经济资产、减少财政负债，也要增加生态资产、减少环境负债，两个方面都要搞离任审计、搞责任终身追究，且都要建立相应的财税制度。"为此，内蒙古自治区结合实际，抓紧研究相关改革措施，大胆先行先试，积极探索建立符合可持续发展战略的生态环境保护制度，根据国家改革总体部署，遵循习近平总书记讲话精神，守望相助、紧密结合实际，在草原地区探索出自然资源资产核算和负债评估的科学路子，为打造祖国亮丽的风景线而努力奋斗。

2014年，内蒙古自治区农牧业科学院与清华大学环境学院合作，从建立草原自然资源资产核算方法入手，以全区不同草地类型的典型地带为例证，将内蒙古锡林郭勒盟13个旗县近15年的生态发展作为实证研究，在实现对草原自然资源资产核算以及生态环境价值和社会价值评估的基础上，进行与现行国民经济核算中的经济指标相对应的资产化管理和核算，为增加资源节约和生态环境保护工作在政府决策考评体系中的权重提供了科技支撑与服务。

3.6.2　编制方法

在草原自然资源资产负债表编制过程中，结合物质量和价值量两种核算方法，建立了以物质量核算为基础再进行价值量核算的草原自然资源资产核算方法。在草原自然资源资产负债表中分别按土地、生态功能和生物3个方面的指标，对草原自然资源资产的物质量和价值量进行分类核算并形成子表，再将3个方面价值量的核算结果进行综合，形成草原自然资源资产价值核算总表。

同时，为了去除自然条件的年际变化对核算结果年际差异的影响，需要建立自然环境条件年际差异校正体系。归一化植被指数（NDVI）是目前应用最为广泛的反映植被生长状态和自然生态系统综合状况的重要指标。本研究以试点区域多年间草原NDVI的年际差异分析为基础，获得年际自然环境条件差异校正系数，通过校正系数对由年际环境因素导致的差异进行校正，并对各核算年相较于基准年的草原自然资源资产价值变化率进行计算。利用管理成效判断体系对自然环境条件校正后的草原自然资源资产价值核算结果进行草原资源资产管理成效的判断。以核算各年草原自然资源资产价值总量相较于基准年的变化率作为判定和划分标准，对草原自然资源资产管理成效进行评估。以此达到对人为管理成效的有效评估，解决草原自然资源资产价值核算结果受自然条件和人为管理成效影响无法区分的问题，形成可用于政府草原自然资源资产管理成效考评的指标体系和考评办法。最后，将核算和负债评估结果以草原自然资源资产负债评估报表体系的形式展现出来，以上部分共同组成了草原自然资源资产核算及负债评估方法体系的技术路线（图3-1）。

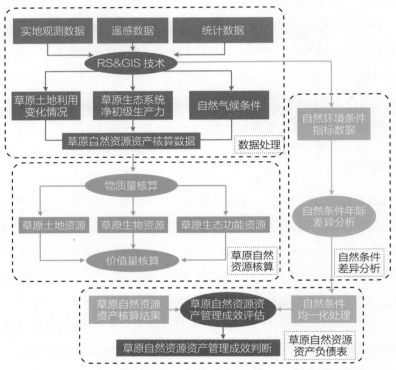

图3-1　草原自然资源资产负债表编制工作技术路线

1. 草原自然资源资产核算指标体系的建立

本研究从生态学角度出发，建立草原自然资源资产核算指标体系（图3-2），调查和收集草原生态本底信息，运用景观生态学理论，通过生态要素的大尺度识别系统方法和空间分析建立生态数据源的分析库，对其时空格局变化展开分析研究，从3个方面体现研究区域草原自然资源资产的损益和变化趋势。

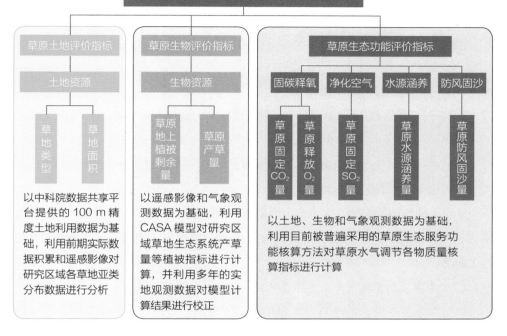

图3-2　草原自然资源资产核算指标体系

2. 草原自然资源资产价值核算方法

（1）草原土地资源资产价值核算方法

草原土地资源资产的核算对象是草地，具体指标为不同类型草地及其面积，用以直接反映草原土地资源资产物质量上的变化。通过计算，以不同草地类型征地补偿标准和地租等方式实现对草原土地资源资产价值量的核算。

草原土地资产的价值以草地的征地补偿标准来度量，草地收益价值通过草地单位面积生产价值体现。按等额年金折现计算草原土地资源资产的价值，计算方法见式（3-1）和式（3-2）：

$$V_l = \sum_{i=1}^{n} \sum_{j=1}^{m} A_{ij} \cdot U_{lij} \qquad (3-1)$$

$$U_{lij} = W_{ij} \cdot N_i \qquad (3-2)$$

式中，V_l——草原土地资产价值，元；

i——区域；

j——草地类型；

A_{ij}——i地区j类草地面积，hm^2；

U_{lij}——i地区j类草地单位面积征地补偿标准，元/（$hm^2 \cdot a$）；

W_{ij}——i地区j类草地单位面积统一年产值，元/（$hm^2 \cdot a$）；

N_i——i地区土地补偿倍数，即征地时按i地区该类土地统一年产值一次性补偿年数。

草原土地征地补偿标准主要参照内蒙古自治区政府办公厅于2009年颁布的《内蒙古自治区征地统一年产值标准和征地区片综合地价》（内政办发〔2009〕129号）赋值。

（2）草原生物资源资产价值核算方法

草原生物资源资产的核算对象是植被，选择地上生物量及产草量作为具体指标。这两个指标能直接反映草地资源的质量，也用于对植被资源资产的物质量，也就是草地植被生物量的计算。同时，参照牧草市场价值，计算草地资源中植被资源资产的价值量。

草原生物资源资产的价值量包括牧草生产价值和地上植被价值，其中，牧草生产价值的计算方法见式（3-3）和式（3-4）：

$$V_g = \sum_{i=1}^{n} \sum_{j=1}^{m} A_{ij} \cdot U_{gij} \qquad (3-3)$$

$$U_{gij} = Y_{ij} \cdot K_{ij} \cdot P_g \qquad (3-4)$$

式中，V_g——草原牧草生产价值，元；

A_{ij}——i地区j类草地面积，hm^2；

U_{gij}——i区域j类草地单位面积牧草生产价值，元/hm^2；

Y_{ij}——i区域j类草地单位面积的草产量，kg/hm^2；

K_{ij}——i区域j类草地的牧草可利用率，%；

P_g——i区域牧草的单位市场售价，元/kg。

地上植被价值（为避免重复计算，这里的地上植被指的是减去产草量之后的部分），计算方法见式（3-5）和式（3-6）：

$$V_p=\sum_{i=1}^{n} \sum_{j=1}^{m} A_{ij} \cdot U_{pij} \tag{3-5}$$

$$U_{pij}=（G_{ij}-Y_{ij}）\frac{H_p}{H_m} \cdot P_m \tag{3-6}$$

式中，V_p——草原地上植被价值，元；

　　　A_{ij}——i地区j类草地面积，hm^2；

　　　U_{pij}——i地区j类草地单位面积地上植被价值，元/hm^2；

　　　G_{ij}——i地区j类草地单位面积的地上生物量，kg/hm^2；

　　　Y_{ij}——i地区j类草地单位面积的草产量，kg/hm^2；

　　　H_m——标准煤的燃烧值，kcal/kg；

　　　H_p——草原地上植被有机质的燃烧值，kcal/kg；

　　　P_m——标准煤的单位市场售价，元/kg。

草原生物资源资产总价值即为牧草生产价值和地上植被价值之和，计算方法见式（3-7）：

$$V_b=V_g+V_p \tag{3-7}$$

式中，V_b——草原生物资源资产总价值，元。

（3）草原生态功能资源资产价值核算方法

草原生态功能资源资产主要是指草原生态系统在水气调节方面的生态服务功能。它所体现的主要是草地资源为人类所提供的服务和福利产品，具体可用固碳释氧、净化空气、涵养水源和固土防沙4个方面的指标进行核算。核算中通过草地生产力、降水和蒸散数据进行不同类型草地生态服务功能的物质量核算，并运用碳税、影子工程法和恢复费用法对生态服务功能物质量进行价值化，从而计算出草原生态功能资源资产的价值量（草原生态系统在水气调节方面的生态服务功能价值）。

①固碳价值

固碳价值计算方法见式（3-8）和式（3-9）：

$$V_c = \sum_{i=1}^{n} \sum_{j=1}^{m} A_{ij} \cdot U_{cij} \qquad (3-8)$$

$$U_{cij} = NPP_{ij} \cdot 1.19 \cdot P_c \qquad (3-9)$$

式中，V_c——草原CO_2固定的价值，元；

$\qquad A_{ij}$——i地区j类草地面积，hm^2；

$\qquad U_{cij}$——i地区j类草地单位面积CO_2固定的价值，元/hm^2；

$\qquad NPP_{ij}$——i地区j类草原单位面积的年净初级生产力，kg/hm^2；

$\qquad P_c$——生态系统的固碳价格（使用碳税法来计算），元/kg。

②释氧价值

释氧价值计算方法见式（3-10）和式（3-11）：

$$V_o = \sum_{i=1}^{n} \sum_{j=1}^{m} A_{ij} \cdot U_{oij} \qquad (3-10)$$

$$U_{oij} = NPP_{ij} \cdot 1.63 \cdot P_c \qquad (3-11)$$

式中，V_o——草原O_2释放的价值，元；

$\qquad A_{ij}$——i地区j类草地面积，hm^2；

$\qquad U_{oij}$——i地区j类草地单位面积O_2释放的价值，元/hm^2；

$\qquad NPP_{ij}$——i地区j类草地单位面积的年净初级生产力，kg/hm^2；

$\qquad P_{oi}$——i地区工业氧气售价，元/kg。

③净化空气价值

根据柳碧晗的研究成果，净化空气价值的计算方法见式（3-12）和式（3-13）：

$$V_s = \sum_{i=1}^{n} \sum_{j=1}^{m} A_{ij} \cdot U_{sij} \qquad (3-12)$$

$$U_{sij} = Y_{ij} \cdot K_s \cdot d \cdot C_s \qquad (3-13)$$

式中，V_s——草原吸收SO_2价值，元；

A_{ij}——i地区j类草地面积，hm^2；

U_{sij}——i地区j类草地单位面积吸收SO_2价值，元/hm^2；

Y_{ij}——i地区j类草地单位面积的年产草量，kg/hm^2；

K_s——每千克干草叶每天吸收SO_2的量，kg/（kg·d）；

d——牧草生长天数，d。

C_s——当前SO_2排污费征收标准，元/kg。

④涵养水源价值

涵养水源价值的计算方法见式（3-14）至式（3-17）：

$$V_w = \sum_{i=1}^{n} \sum_{j=1}^{m} A_{ij} \times U_{wij} \qquad (3-14)$$

$$U_{wij} = W_{ij} \cdot C_{ia} \qquad (3-15)$$

$$W_{ij} = \left(1 - \frac{AET_{ij}}{P_{ij}}\right) \cdot P_{ij} \qquad (3-16)$$

$$C_{ia} = C_i \cdot \left[\frac{s \cdot (1+s)^t}{(1+s)^t - 1}\right] \qquad (3-17)$$

式中，V_w——草原涵养水源的总价值，元；

A_{ij}——i地区j类草地面积，hm^2；

U_{wij}——i地区j类草地单位面积水源涵养价值，元/hm^2；

W_{ij}——i地区j类草地单位面积的产水量，m^3/hm^2；

C_{ia}——单位体积水库库容工程费用的年经济价值，元/m^3；

AET_{ij}——年蒸散发量，mm；

P_{ij}——i地区j类草原的降水量，mm；

C_i——i地区单位体积水库库容工程费用，元/m^3；

s——社会贴现率，%；

t——水库使用年限，a。

⑤固土防沙价值

根据我国学者关于土壤侵蚀的研究成果，草原固土防沙功能资产价值的计算方法见式（3-18）至式（3-21）：

$$V_s = \sum_{i=1}^{n} \sum_{j=1}^{m} A_{ij} \cdot U_{sij} \qquad （3-18）$$

$$U_{sij} = A_{sij}/10\,000 \cdot U_{lij} \qquad （3-19）$$

$$A_{sij} = S_{sij}/（h \cdot d \cdot 1\,000） \qquad （3-20）$$

$$S_{sij} = S_{pij} - S_{rij} \qquad （3-21）$$

式中，V_s——草原固土防沙的总价值，元；

A_{ij}——i地区j类草地面积，hm^2；

U_{sij}——i地区j类草地单位面积减少土地风蚀退化价值，元/hm^2；

A_{sij}——i地区j类草地单位面积减少土地风蚀退化面积，m^2/hm^2；

U_{lij}——i地区j类草地单位面积征地补偿标准，元/hm^2；

S_{sij}——i地区j类草地单位面积抵御风蚀的土壤保持量，kg/hm^2；

h——草原表层土壤平均厚度，取0.5 m；

d——草原土壤平均容重，取1.35 g/cm^3；

S_{pij}——i地区j类草地潜在土壤风蚀量，kg/hm^2（数据来自全国土壤侵蚀等级分类中的"强度"级对应的风蚀模数）；

S_{rij}——i地区j类草地现实土壤风蚀量，kg/hm^2（数据来自全国第二次土壤侵蚀普查）。

⑥草原生态功能资源资产总价值

草原生态功能资源资产总价值计算方法见式（3-22）：

$$V_{wa} = V_c + V_o + V_s + V_w \qquad （3-22）$$

式中，V_{wa}——草原生态功能资源资产总价值，元。

（4）草原自然资源资产总价值核算方法

在本研究中，草原自然资源资产总价值就是对前面介绍的草原土地资源资产价值、草原生物资源资产价值和草原生态功能资源资产价值3个方面的核算结果进行综合。草原自然资源资产总价值的计算方法见式（3-23）：

$$V_t = V_l + V_b + V_{wa} \qquad (3-23)$$

式中，V_t——草原自然资产总价值，元。

3.草原自然资源资产负债评估和管理成效评价

草原自然资源资产具有草地生态系统的物质结构，其价值受自然因素影响很大。同时，人为活动和草原管理措施也是造成草原自然资源资产价值变动的重要因素。消除自然环境条件的差异对草原自然资源资产价值核算结果的影响，是对草原自然资源资产人为管理成效进行判断的前提。

（1）年际间自然环境条件差异校正体系的建立

本研究利用草原NDVI计算核算年际间自然环境条件影响均一化调整系数，计算自然条件影响均一化处理后的核算年际间草原自然资源资产价值。

（2）年际间自然环境条件差异校正系数

相关研究表明，NDVI与生态环境综合自然环境条件之间存在着很好的相关性，也能反映如农用地状况的改变情况。考虑到NDVI较易获得且其数据客观可靠，本研究选择将NDVI作为综合反映自然环境条件的指标。其计算公式见式（3-24）：

$$NDVI = \frac{(V_{NIR} - V_R)}{(V_{NIR} + V_R)} \qquad (3-24)$$

式中，$NDVI$——归一化植被指数；

V_{NIR}——遥感影像中近红外波段反射率；

V_R——遥感影像中红色波段反射率。

为了利用NDVI对草原自然资源资产价值核算中的自然环境条件影响进行校正，在对草原分布区域的归一化植被指数比较的基础上，提出了核算年际间自然环境条件差异校正系数，其计算公式见式（3-25）：

$$K = \frac{NDVI_a - NDVI_{avg}}{NDVI_{max d}} \qquad (3-25)$$

式中，K——核算年自然环境条件差异校正系数；

$NDVI_a$——核算年的草原归一化植被指数；

$NDVI_{avg}$——当地多年间草原归一化植被指数的平均值；

$NDVI_{maxd}$——多年间草原归一化植被指数的最大值与最小值的差值。

当核算年自然环境条件优于当地草原自然环境条件的平均值时，K为正值；当核算年自然环境条件比当地草原自然环境条件的平均值差时，K为负值。

（3）年际间草原自然资源资产核算价值自然环境条件差异校正

通过自然环境条件差异校正系数，可以对核算年的草原资源资产核算价值相较于核算基准年进行自然环境条件均一化校正。其校正计算过程见式（3-26）：

$$V_a = (1-K) \cdot V_t \qquad (3-26)$$

式中，V_a——自然环境条件均一化校正后的核算年草原资源资产核算价值，元；

V_t——核算年草原资源资产核算价值的实际核算价值，元；

K——核算年自然环境条件差异校正系数。

（4）草原自然资源资产管理成效评价

获得自然环境条件均一化校正后的草原自然资源资产价值核算结果后，再对各核算年相较于基准年的草原自然资源资产价值变化率进行计算，其计算过程见式（3-27）：

$$F = \frac{V_a - V_o}{V_o} \cdot 100 \qquad (3-27)$$

式中，F——核算年相较于基准年的草原自然资源资产价值变化率；

V_a——核算年草原自然资源资产价值；

V_o——核算基准年草原自然资源资产价值。

以各核算年草原自然资源资产价值总量相较于基准年的变化率作为判定和划分标准，可对草原自然资源资产管理成效进行评估（表3-2）。

表3-2　内蒙古草原自然资源资产年际间变化程度管理成效评价标准

标准	与基准年相比草原自然资源资产价值核算变化率/%						
分级标准	<-60	-60～-30	-30～-10	-10～10	10～30	30～60	>60
评价标准	显著降低	降低	较小降低	无变化	较小增加	增加	显著增加

注：分级标注是与基准年相比价值总量变化的百分比。

3.6.3　锡林郭勒盟草原自然资源资产核算

锡林郭勒盟由乌拉盖管理区、东乌珠穆沁旗、西乌珠穆沁旗、锡林浩特市、阿巴嘎旗、正蓝旗、多伦县、太仆寺旗、正镶白旗、镶黄旗、苏尼特左旗、苏尼特右旗和二连浩特市共13个市（旗、县、区）组成，各个地区分布的草地类型复杂，内蒙古自治区农牧业科学院首先对每个区域的自然资源资产进行单独核算并编制其草原自然资源资产负债表，然后将13个区域的核算结果进行加和或加权平均计算，得出锡林郭勒盟的草原自然资源资产核算结果并编制其草原自然资源资产负债表。

1. 锡林郭勒盟草原土地资源资产价值核算结果

通过对锡林郭勒盟2000年、2005年、2010年和2015年土地覆被数据（表3-3）进行重新分类和初步分析，进行该研究区域草原土地资源资产的核算。

表3-3　锡林郭勒盟2000—2015年土地覆被情况（物质量核算）

区域	土地覆被类型	2000年/km²	2005年/km²	2010年/km²	2015年/km²
锡林郭勒盟	草地总计	167 850.94	166 748.18	167 294.14	168 273.93
	高覆盖度草地	90 689.23	90 562.87	90 386.47	57 309.38
	中覆盖度草地	56 283.78	54 504.90	54 790.74	86 647.97
	低覆盖度草地	20 877.93	21 680.40	22 116.93	24 316.58
	建设用地	468.06	517.78	566.21	1 274.91
	林地	2 743.97	2 789.44	2 773.97	3 076.32

区域	土地覆被类型	2000年/km²	2005年/km²	2010年/km²	2015年/km²
锡林郭勒盟	水域	1 579.99	1 142.57	1 005.43	776.61
	沼泽	5 305.51	5 373.11	5 350.55	5 450.48
	滩地	302.88	263.37	359.10	653.42
	耕地	5 752.40	5 770.05	5 887.52	5 565.04
	未利用土地	15 888.52	17 287.76	16 655.34	14 821.54
	总计	199 892.26	199 892.26	199 892.26	199 892.26

从锡林郭勒盟土地覆被情况（图3-3）可以看出，草地面积较大，2000年、2005年、2010年和2015年草地面积占土地总面积的比例分别为83.97％、83.42％、83.69％和84.18％。

从锡林郭勒盟土地覆被变化情况来看，2000—2005年，草地面积减少了110 276 hm²；2005—2010年，草地面积增加了54 596 hm²；2010—2015年，草地面积增加了97 979 hm²。

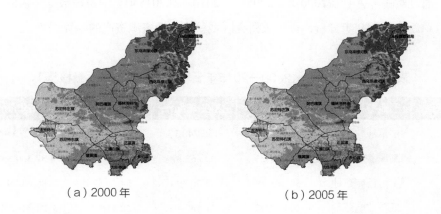

（a）2000 年　　　　　　　　　（b）2005 年

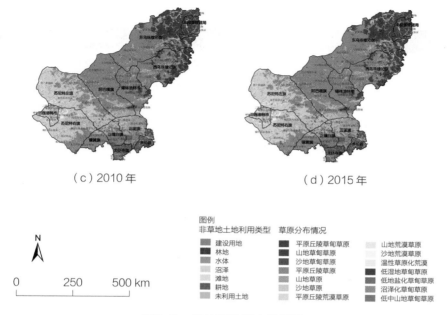

（c）2010 年　　　　　　　　　　　　　　（d）2015 年

图例
非草地土地利用类型　　草原分布情况

■ 建设用地	■ 平原丘陵草甸草原	□ 山地荒漠草原
■ 林地	■ 山地草甸草原	□ 沙地荒漠草原
■ 水体	■ 沙地草甸草原	□ 温性草原化荒漠
□ 沼泽	■ 平原丘陵草原	■ 低湿地草甸草原
□ 滩地	■ 山地草原	■ 低地盐化草甸草原
■ 耕地	■ 沙地草原	■ 沼泽化草甸草原
■ 未利用土地	■ 平原丘陵荒漠草原	■ 低中山地草甸草原

0　　　　250　　　　500 km

图3-3　锡林郭勒盟土地覆被

　　利用锡林郭勒盟4个核算年的草原土地资源面积和经济价值进行草原土地价值的核算，得出表3-4。锡林郭勒盟主要有温性草甸草原、温性典型草原、温性荒漠草原、温性草原化荒漠、低地草甸和温性山地草甸6个类型的草原，其中温性典型草原面积较大，约占总草原面积的60％，温性荒漠草原约占总草原面积的18％，温性草甸草原约占总草原面积的13％。锡林郭勒盟2000年、2005年、2010年和2015年草原土地价值分别为3 763.05亿元、3 741.53亿元、3 754.30亿元和3 774.40亿元。2000—2005年，草原面积减少了0.65％，草原土地资源价值减少了0.57％；2005—2010年，草原土地面积增加了0.32％，草原土地资源价值增加了0.34％；2010—2015年，草原土地面积增加了0.58％，草原土地资源价值增加了0.53％。

表3-4 锡林郭勒盟2000—2015年草原土地资源核算

核算项目		草原类型	2000年	2005年	2010年	2015年
物质量核算	草原面积/hm²	温性草甸草原	2 244 009.08	2 250 764.42	2 249 659.53	2 206 625.55
		温性典型草原	10 193 734.02	10 118 405.30	10 149 085.48	10 231 445.39
		温性荒漠草原	3 151 343.34	3 119 167.61	3 138 118.22	3 143 264.08
		温性草原化荒漠	320 593.38	319 024.32	319 473.92	325 833.72
		低地草甸	872 907.43	864 932.91	870 552.66	917 710.89
		温性山地草甸	23 25.81	2 325.29	2 325.29	2 291.71
		合计	16 784 913.06	16 674 619.84	16 729 215.10	16 827 171.34
价值量核算	草原土地价值/万元	温性草甸草原	9 892 042.97	9 142 525.32	9 154 802.91	9 250 653.97
		温性典型草原	21 645 177.38	22 443 042.21	22 659 431.92	22 560 390.14
		温性荒漠草原	3 529 015.79	3 443 907.69	3 259 038.29	3 319 022.54
		温性草原化荒漠	353 619.78	284 267.11	276 677.92	309 480.70
		低地草甸	2 193 988.66	2 085 399.35	2 174 078.26	2 283 219.57
		温性山地草甸	16 671.72	16 111.94	18 925.50	21 193.06
		合计	37 630 516.30	37 415 253.61	37 542 954.79	37 743 959.99

2. 锡林郭勒盟草原生物资源资产价值核算结果

在研究区域草原生物资源资产的核算中，利用CASA模型（基于过程的遥感模型，可用于估算草原净初级生产力）对研究区域2000—2015年草原净初级生产力（NPP）进行了估算，并利用CASA模型估算的NPP结果结合实际样地观测到的产草量数据，对这期间试点区域的草原产草量和地上生物量进行了计算和校正。

从生物资源核算方法中可以看出，牧草产量和剩余地上植被生物量在空间上的变化规律是一致的。牧草和剩余地上植被的价值量主要由物质量决定，价值量的变化与物质量的变化相同。

从图3-4和图3-5可以看出，锡林郭勒盟在4个核算年的草原牧草产量和价值、剩余地上植被生物量和价值量的空间分布均表现出由北向南、由西向东递增的规律。2000—2015年，锡林郭勒盟的乌拉盖管理区、东乌珠穆沁旗、西乌珠穆沁旗和锡林浩特市几个地区的牧草产量明显高于镶黄旗、苏尼特左旗、苏尼特右旗和二连浩特市。

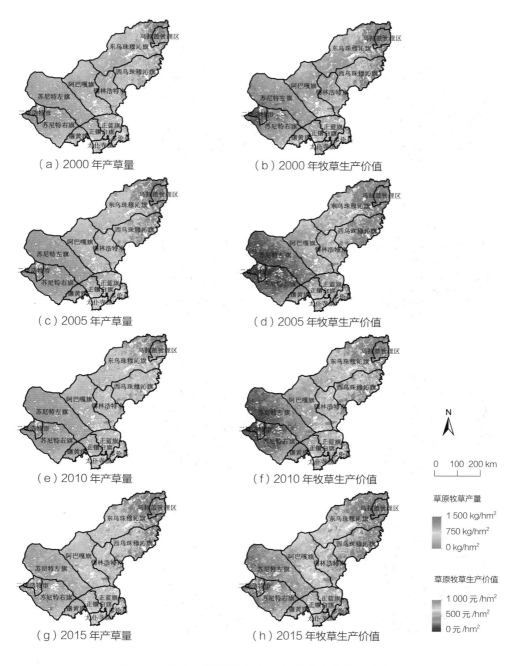

（a）2000 年产草量　　　　　　（b）2000 年牧草生产价值

（c）2005 年产草量　　　　　　（d）2005 年牧草生产价值

（e）2010 年产草量　　　　　　（f）2010 年牧草生产价值

（g）2015 年产草量　　　　　　（h）2015 年牧草生产价值

图3-4　锡林郭勒盟牧草产量与牧草生产价值分布

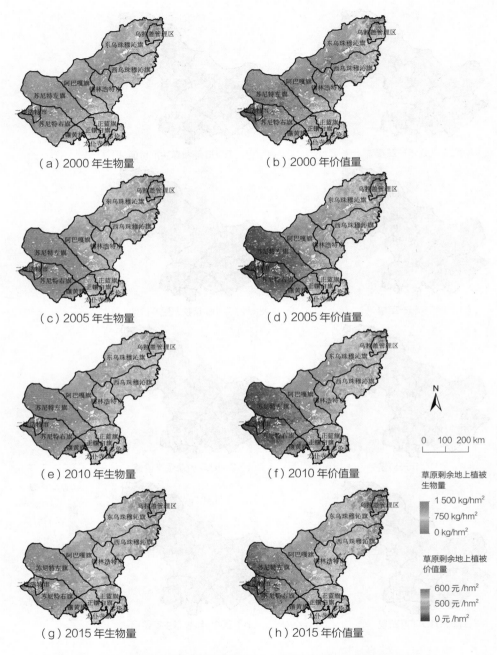

（a）2000 年生物量　　　　　　　　　（b）2000 年价值量

（c）2005 年生物量　　　　　　　　　（d）2005 年价值量

（e）2010 年生物量　　　　　　　　　（f）2010 年价值量

草原剩余地上植被
生物量

1 500 kg/hm²
750 kg/hm²
0 kg/hm²

草原剩余地上植被
价值量

600 元 /hm²
500 元 /hm²
0 元 /hm²

（g）2015 年生物量　　　　　　　　　（h）2015 年价值量

图3-5　锡林郭勒盟草原剩余地上植被生物量与价值量分布

锡林郭勒盟2000—2015年草原生物资源资产总价值核算结果见图3-6和表3-5。2000年、2005年、2010年和2015年锡林郭勒盟草原生物资源总价值分别为118.47亿元、119.67亿元、113.51亿元和141.84亿元。从总价值变化来看，2000—2005年，生物资源资产总价值增加了1.01%；2005—2010年，总价值减少了5.15%；2010—2015年，总价值增加了24.96%。

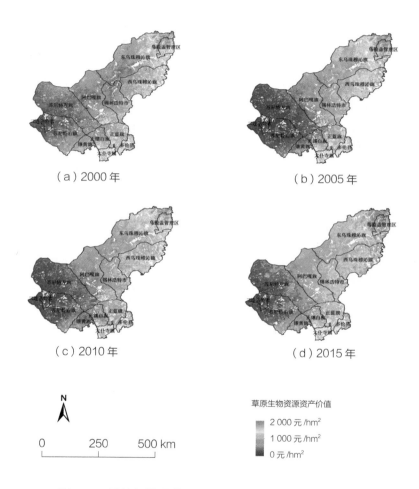

图3-6　锡林郭勒盟草原生物资源资产价值分布

表3-5　锡林郭勒盟2000—2015年草原生物资源核算

核算项目		草原类型	2000年	2005年	2010年	2015年
物质量核算	牧草产量/（kg/hm²）	温性草甸草原	1 100.01	1 172.81	1 061.49	1 365.08
		温性典型草原	504.19	537.31	506.40	623.86
		温性荒漠草原	256.64	166.46	182.82	225.75
		温性草原化荒漠	221.76	121.02	135.80	169.50
		低地草甸	734.15	726.81	710.27	858.66
		温性山地草甸	1 784.36	1 945.80	2 134.95	3 031.73
	剩余地上植被生物量/（kg/hm²）	温性草甸草原	903.35	963.81	872.37	1 120.77
		温性典型草原	532.93	559.45	533.63	659.20
		温性荒漠草原	318.78	205.82	226.29	279.73
		温性草原化荒漠	332.64	181.53	203.70	254.25
		低地草甸	489.43	484.54	473.51	572.44
		温性山地草甸	1 189.57	1 297.20	1 423.30	2 021.16
价值量核算	牧草生产价值/（元/hm²）	温性草甸草原	1 100.01	1 172.81	1 061.49	1 365.08
		温性典型草原	504.19	537.31	506.40	623.86
		温性荒漠草原	256.64	166.46	182.82	225.75
		温性草原化荒漠	221.76	121.02	135.80	169.50
		低地草甸	734.15	726.81	710.27	858.66
		温性山地草甸	1 784.36	1 945.80	2 134.95	3 031.73
	剩余地上植被价值量/（元/hm²）	温性草甸草原	272.36	290.59	263.02	337.91
		温性典型草原	160.68	168.67	160.89	198.75
		温性荒漠草原	96.11	62.06	68.23	84.34
		温性草原化荒漠	100.29	54.73	61.41	76.66
		低地草甸	147.56	146.09	142.76	172.59
		温性山地草甸	358.66	391.11	429.12	609.38
	草原生物资源资产价值	牧草总价值	913 289.71	926 748.93	876 787.10	1 095 497.08
		剩余地上植被总价值	271 378.61	269 903.99	258 360.11	322 900.39
		总计	1 184 668.32	1 196 652.92	1 135 147.20	1 418 397.47

3. 锡林郭勒盟草原生态功能资源资产价值核算结果

（1）草原固碳释氧和净化空气功能价值核算结果

草原固碳释氧和净化空气功能的物质量核算主要是将草原NPP和产草量指标通过相关参数进行赋值计算得到的，其核算结果的时空变化规律决定于草原植被生产力的时空分布规律；价值量的核算是物质量价格化的过程，其核算结果的变化规律与物质量变化规律一致。

锡林郭勒盟2000年、2005年、2010年和2015年草原植被固碳释氧和净化空气（吸收SO_2）功能的物质量和价值量核算结果见图3-7～图3-9。

锡林郭勒盟2000年、2005年、2010年和2015年草原植被固碳释氧和净化空气物质量核算结果显示，这几年单位面积固碳量分别为1 761.00 kg/hm²、1 781.02 kg/hm²、1 689.22 kg/hm²和2 098.60 kg/hm²，单位面积释氧量分别为1 285.64 kg/hm²、1 300.25 kg/hm²、1 233.24 kg/hm²和1 532.11 kg/hm²，单位面积净化空气量分别为183.66 kg/hm²、185.75 kg/hm²、176.18 kg/hm²和218.87 kg/hm²。从以上结果可以看出，2015年锡林郭勒盟草原植被固碳量、释氧量和净化空气量均高于2000年、2005年和2010年3个核算年，且2010年值最小。

锡林郭勒盟2000年、2005年、2010年和2015年草原植被固碳释氧和净化空气功能的价值量结果显示，这几年草原植被固碳总价值分别为75.78亿元、76.13亿元、72.45亿元和90.53亿元，草原植被释氧总价值分别为97.11亿元、97.56亿元、92.84亿元和116.01亿元，草原植被净化空气总价值分别为38.84亿元、39.03亿元、37.14亿元和46.41亿元。从以上结果可以看出，锡林郭勒盟草原植被固碳释氧、净化空气功能总价值2000—2005年增加了0.47%，2005—2010年减少了4.84%，2010—2015年增加了24.96%。

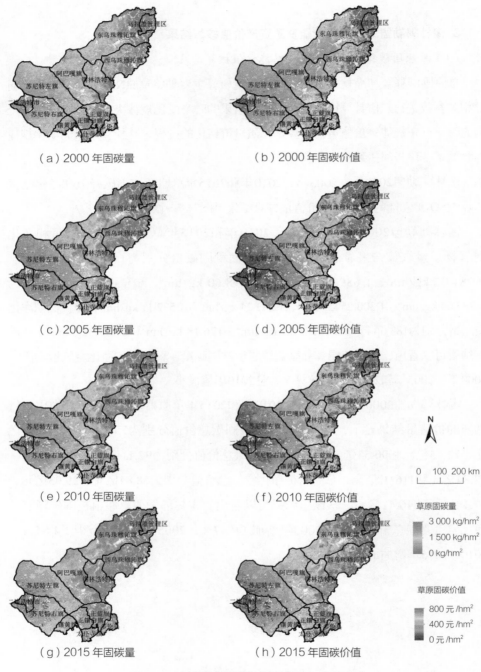

（a）2000 年固碳量　　　　　　　　　（b）2000 年固碳价值

（c）2005 年固碳量　　　　　　　　　（d）2005 年固碳价值

（e）2010 年固碳量　　　　　　　　　（f）2010 年固碳价值

N

0　100　200 km

草原固碳量
3 000 kg/hm²
1 500 kg/hm²
0 kg/hm²

草原固碳价值
800 元 /hm²
400 元 /hm²
0 元 /hm²

（g）2015 年固碳量　　　　　　　　　（h）2015 年固碳价值

图3-7　锡林郭勒盟草原固碳量与价值分布

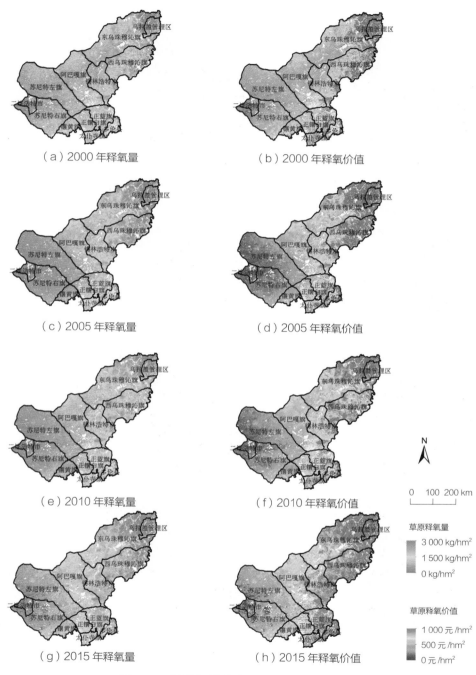

（a）2000 年释氧量　　　　　　　（b）2000 年释氧价值

（c）2005 年释氧量　　　　　　　（d）2005 年释氧价值

（e）2010 年释氧量　　　　　　　（f）2010 年释氧价值

N

0　100　200 km

草原释氧量
3 000 kg/hm²
1 500 kg/hm²
0 kg/hm²

草原释氧价值
1 000 元/hm²
500 元/hm²
0 元/hm²

（g）2015 年释氧量　　　　　　　（h）2015 年释氧价值

图3-8　锡林郭勒盟草原释氧量与价值分布

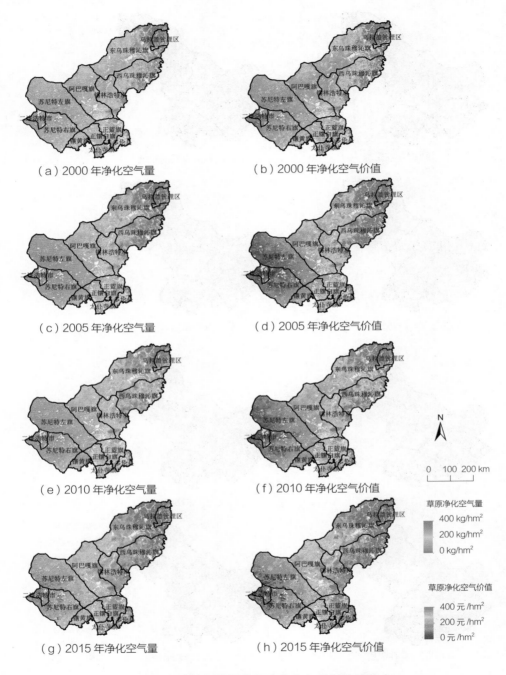

（a）2000 年净化空气量

（b）2000 年净化空气价值

（c）2005 年净化空气量

（d）2005 年净化空气价值

（e）2010 年净化空气量

（f）2010 年净化空气价值

（g）2015 年净化空气量

（h）2015 年净化空气价值

草原净化空气量
400 kg/hm²
200 kg/hm²
0 kg/hm²

草原净化空气价值
400 元/hm²
200 元/hm²
0 元/hm²

图3-9　锡林郭勒盟草原净化空气量与价值分布

（2）草原涵养水源功能价值核算结果

锡林郭勒盟2000年、2005年、2010年和2015年涵养水源功能的物质量和价值量核算结果见图3-10。

（a）2000年涵养水源量

（b）2000年涵养水源价值

（c）2005年涵养水源量

（d）2005年涵养水源价值

（e）2010年涵养水源量

（f）2010年涵养水源价值

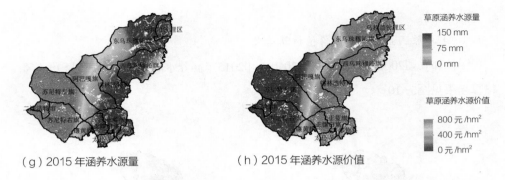

（g）2015年涵养水源量　　　　　　　　（h）2015年涵养水源价值

图3-10　锡林郭勒盟草原涵养水源量与价值分布

锡林郭勒盟草原涵养水源能力从空间分布上表现出从西向东、从北向南逐渐增加的趋势，东部区的乌拉盖管理区的涵养水源量高于其他区域，西部区的二连浩特市涵养水源量为零。从时间分布来看，2005年涵养水源能力最弱，2015年涵养水源能力最强。

锡林郭勒盟2000年、2005年、2010年和2015年单位面积草地涵养水源量分别为37.30 mm、14.86 mm、49.23 mm和91.69 mm，草地涵养水源总量分别为62.61×10^8 t、24.77×10^8 t、82.35×10^8 t和154.28×10^8 t，单位面积草地涵养水源价值分别为267.62 元/hm^2、106.59 元/hm^2、353.14元/hm^{2}和657.78 元/hm^2，草地涵养水源总价值分别为44.92亿元、17.77亿元、59.08亿元和110.69亿元。

（3）草原固土防沙功能价值核算结果

锡林郭勒盟主要六大类草地（温性草甸草原、温性典型草原、温性荒漠草原、温性草原化荒漠、低地草甸和温性山地草甸）单位面积抵御风蚀土壤保持量分别为18 875.99 kg/hm^2、46 950.88 kg/hm^2、468 851.97 kg/hm^2、10 619.86 kg/hm^2、43 551.42 kg/hm^{2}和2 869.79 kg/hm^2，全盟2000年、2005年、2010年和2015年草原土壤风蚀损失量分别为69.92×10^7 t、69.43×10^7 t、69.71×10^7 t和70.66×10^7 t，折合可减少草原土地损失面积分别为10.35万hm^2、10.28万hm^2、10.33万hm^{2}和10.47万hm^2。锡林郭勒盟2000年、2005年、2010年和2015年因草原防风固沙减少草地退化面积的总价值分别为21.56亿元、21.78亿元、21.86亿元和21.91亿元，4个核算年间没有明显的差异。锡林郭勒盟2000年、2005年、2010年和2015年固土防沙量与价值分布见图3-11。

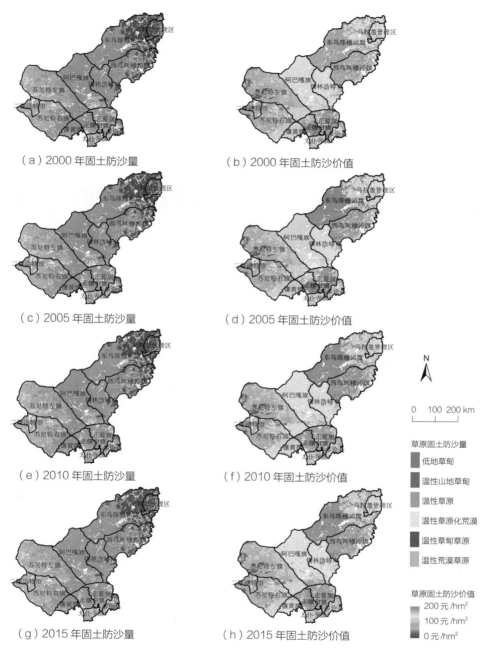

（a）2000 年固土防沙量　　　　　（b）2000 年固土防沙价值

（c）2005 年固土防沙量　　　　　（d）2005 年固土防沙价值

（e）2010 年固土防沙量　　　　　（f）2010 年固土防沙价值

（g）2015 年固土防沙量　　　　　（h）2015 年固土防沙价值

N

0　100　200 km

草原固土防沙量
低地草甸
温性山地草甸
温性草原
温性草原化荒漠
温性草甸草原
温性荒漠草原

草原固土防沙价值
200 元 /hm²
100 元 /hm²
0 元 /hm²

图3-11　锡林郭勒盟草原固土防沙量与价值分布

（4）草原生态功能资产总价值核算结果

根据锡林郭勒盟2000年、2005年、2010年和2015年草原固碳释氧、净化空气、涵养水源和固土防沙4个方面生态功能资产物质量的核算结果（表3-6），进一步对生态功能资产的价值量进行了核算，得到草原生态功能资产总价值（表3-7），锡林郭勒盟草原生态功能资产价值空间分布如图3-12所示。

表3-6　锡林郭勒盟2000—2015年草原生态功能资源核算（物质量）

核算项目	草原类型	2000年	2005年	2010年	2015年
单位面积固碳量/（kg/hm²）	温性草甸草原	3 265.47	3 482.70	3 152.20	4 051.94
	温性典型草原	1 690.52	1 787.72	1 695.25	2 091.39
	温性荒漠草原	937.94	606.82	666.85	823.93
	温性草原化荒漠	903.69	493.15	553.38	690.72
	低地草甸	1 994.43	1 974.50	1 929.56	2 332.71
	温性山地草甸	4 847.50	5 286.08	5 799.94	8 236.21
草原固碳量合计/t	温性草甸草原	7 327 752.42	7 838 731.79	7 091 375.94	8 941 112.23
	温性典型草原	17 232 697.45	18 088 887.98	17 205 277.25	21 397 949.72
	温性荒漠草原	2 955 773.71	1 892 781.52	2 092 644.07	2 589 826.04
	温性草原化荒漠	289 715.48	157 326.03	176 790.27	225 059.20
	低地草甸	1 740 955.39	1 707 812.95	1 679 782.86	2 140 750.08
	温性山地草甸	11 274.39	12 291.67	13 486.53	18 874.98
单位面积释氧量/（kg/hm²）	温性草甸草原	2 384.00	2 542.58	2 301.30	2 958.16
	温性典型草原	1 234.18	1 305.15	1 237.64	1 526.84
	温性荒漠草原	684.75	443.02	486.84	601.52
	温性草原化荒漠	659.75	360.03	404.00	504.27
	低地草甸	1 456.06	1 441.51	1 408.70	1 703.02
	温性山地草甸	3 538.98	3 859.16	4 234.31	6 012.94

核算项目	草原类型	2000年	2005年	2010年	2015年
草原 释氧量 合计/t	温性草甸草原	5 349 708.82	5 722 755.11	5 177 139.49	6 527 560.46
	温性典型草原	12 580 926.36	13 205 997.97	12 560 907.93	15 621 816.05
	温性荒漠草原	2 157 896.14	1 381 846.63	1 527 758.55	1 890 731.89
	温性草原化荒漠	211 510.08	114 857.65	129 067.75	164 307.02
	低地草甸	1 271 004.24	1 246 808.22	1 226 344.54	1 562 878.89
	温性山地草甸	8 230.99	8 973.67	9 845.99	13 779.89
单位面积 净化 空气量 （kg/hm²）	温性草甸草原	340.57	363.23	328.76	422.59
	温性典型草原	176.31	186.45	176.81	218.12
	温性荒漠草原	97.82	63.29	69.55	85.93
	温性草原化荒漠	94.25	51.43	57.71	72.04
	低地草甸	208.01	205.93	201.24	243.29
	温性山地草甸	505.57	551.31	604.90	858.99
草原净化 空气量 合计/t	温性草甸草原	764 244.12	817 536.44	739 591.36	932 508.64
	温性典型草原	1 797 275.19	1 886 571.14	1 794 415.42	2 231 688.01
	温性荒漠草原	308 270.88	197 406.66	218 251.22	270 104.56
	温性草原化荒漠	30 215.73	16 408.24	18 438.25	23 472.43
	低地草甸	181 572.03	178 115.46	175 192.08	223 268.41
	温性山地草甸	1 175.86	1 281.95	1 406.57	1 968.56
草原涵养 水源量/mm	草原	37.30	14.86	49.23	91.69
草原涵养 水源量 合计/m³	合计	6 261 334 211.64	2 477 247 517.97	8 235 511 149.98	15 428 637 599.13
单位面 积减少 风蚀 土壤 损失量/ （kg/hm²）	温性草甸草原	18 875.991			
	温性典型草原	46 950.88			
	温性荒漠草原	46 851.97			
	温性草原化荒漠	10 619.86			
	低地草甸	43 551.43			
	温性山地草甸	2 869.79			

核算项目	草原类型	2000年	2005年	2010年	2015年
草原减少风蚀土壤损失量合计/t	温性草甸草原	42 357 896.22	42 485 409.85	42 464 553.94	41 652 245.02
	温性典型草原	478 604 818.29	475 068 068.31	476 508 529.79	480 375 400.39
	温性荒漠草原	136 935 175.82	135 822 039.92	136 710 177.86	136 312 861.72
	温性草原化荒漠	3 263 581.33	3 249 951.26	3 254 726.01	3 320 822.24
	低地草甸	38 011 226.10	37 663 923.69	38 163 702.41	44 914 922.01
	温性山地草甸	6 674.61	6 673.10	6 673.10	6 576.73

表3-7　锡林郭勒盟2000—2015年草原生态功能资源核算（价值量）

核算项目	草原类型	2000年	2005年	2010年	2015年
单位面积固碳价值（元/hm²）	温性草甸草原	837.15	892.84	808.11	1 038.77
	温性典型草原	433.39	458.31	434.60	536.16
	温性荒漠草原	240.45	155.57	170.96	211.23
	温性草原化荒漠	231.67	126.43	141.87	177.07
	低地草甸	511.30	506.19	494.67	598.02
	温性山地草甸	1 242.72	1 355.16	1 486.89	2 111.46
草原固碳价值合计/万元	温性草甸草原	187 856.93	200 956.58	181 797.09	229 217.60
	温性典型草原	441 783.70	463 733.31	441 080.74	548 565.62
	温性荒漠草原	75 775.29	48 524.04	53 647.78	66 393.72
	温性草原化荒漠	7 427.25	4 033.27	4 532.26	5 769.70
	低地草甸	44 631.77	43 782.11	43 063.52	54 881.05
	温性山地草甸	289.03	315.11	345.75	483.89
单位面积释氧价值/（元/hm²）	温性草甸草原	1 072.80	1 144.16	1 035.58	1 331.17
	温性典型草原	555.38	587.32	556.94	687.08
	温性荒漠草原	308.14	199.36	219.08	270.68
	温性草原化荒漠	296.89	162.01	181.80	226.92
	低地草甸	655.23	648.68	633.91	766.36
	温性山地草甸	1 592.54	1 736.62	1 905.44	2 705.82

核算项目	草原类型	2000年	2005年	2010年	2015年
草原释氧 价值合计/ 万元	温性草甸草原	240 736.90	257 523.98	232 971.28	293 740.22
	温性典型草原	566 141.69	594 269.91	565 240.86	702 981.72
	温性荒漠草原	97 105.33	62 183.10	68 749.13	85 082.94
	温性草原化荒漠	9 517.95	5 168.59	5 808.05	7 393.82
	低地草甸	57 195.19	56 106.37	55 185.50	70 329.55
	温性山地草甸	370.39	403.82	443.07	620.10
单位面积 净化空气 价值/ （元/hm²）	温性草甸草原	429.12	457.66	414.23	532.47
	温性典型草原	222.15	234.93	222.78	274.83
	温性荒漠草原	123.26	79.74	87.63	108.27
	温性草原化荒漠	118.75	64.81	72.72	90.77
	低地草甸	262.09	259.47	253.57	306.54
	温性山地草甸	637.02	694.65	762.18	1 082.33
草原净化 空气价值 合计/万元	温性草甸草原	96 294.76	103 009.59	93 188.51	117 496.09
	温性典型草原	226 456.67	237 707.96	226 096.34	281 192.69
	温性荒漠草原	38 842.13	24 873.24	27 499.65	34 033.17
	温性草原化荒漠	3 807.18	2 067.44	2 323.22	2 957.53
	低地草甸	22 878.08	22 442.55	22 074.20	28 131.82
	温性山地草甸	148.16	161.53	177.23	248.04
草原涵养 水源价值/ （元/hm²）	草原	267.62	106.59	353.14	657.78
草原涵养 水源价值 合计/万元	合计	449 194.10	177 741.47	590 782.67	1 106 861.43
草原减少 风蚀土壤 损失价值 合计/万元	温性草甸草原	27 662.54	25 566.55	25 600.89	25 868.93
	温性典型草原	150 561.10	156 106.76	157 546.95	156 862.90
	温性荒漠草原	22 724.66	22 224.43	20 946.99	21 261.51
	温性草原化荒漠	538.72	428.76	417.16	469.38

核算项目	草原类型	2000年	2005年	2010年	2015年
	低地草甸	14 163.48	13 454.30	14 135.87	14 686.29
	温性山地草甸	7.09	6.85	8.05	9.01
生态功能价值总计/万元	合计	2 782 110.10	2 522 791.62	2 833 662.76	3 855 538.70

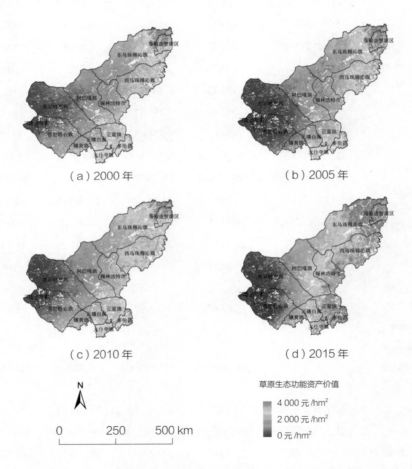

图3-12　锡林郭勒盟草原生态功能资产价值空间分布

锡林郭勒盟2000年、2005年、2010年和2015年每公顷草原生态功能综合价值分别为1 657元/hm²、1 512元/hm²、1 693元/hm²和2 291元/hm²，草原生态功能综合总价值分别为278.21亿元、252.28亿元、283.37亿元和385.55亿元。以上结果显示，锡林郭勒盟草原生态功能资产总价值2000—2005年减少了9.32%，2005—2010年增加了12.32%，2010—2015年增加了36.06%。

4. 锡林郭勒盟草原自然资源资产总价值核算结果

　　锡林郭勒盟草原自然资源资产总价值核算结果（图3-13）。

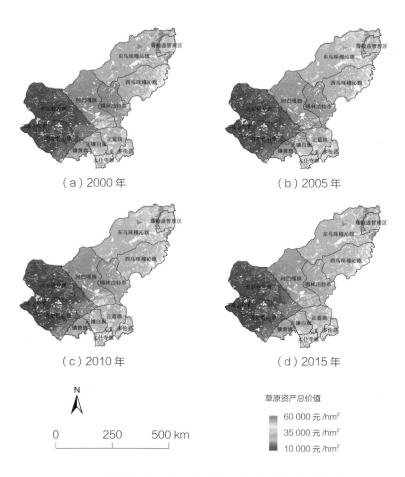

（a）2000 年　　　　　　　　　　　　（b）2005 年

（c）2010 年　　　　　　　　　　　　（d）2015 年

草原资产总价值

60 000 元 /hm²

35 000 元 /hm²

10 000 元 /hm²

图3-13　锡林郭勒盟草原自然资源资产总价值核算结果

锡林郭勒盟2000年、2005年、2010年和2015年每公顷草原自然资源资产总价值（表3-8）分别为24 782元、24 669元、24 814元和25 564元，2005年每公顷草原自然资源资产价值最低，2015年每公顷草原自然资源资产价值最高。锡林郭勒盟2000年、2005年、2010年和2015年草原自然资源资产总价值分别为4 159.73亿元、4 113.47亿元、4 151.18亿元、4 301.79亿元，2000—2005年总价值减少了1.11%，2005—2010年总价值增加了0.92%，2010—2015年总价值增加了3.61%。

表3-8　锡林郭勒盟草原自然资源资产总价值

核算项目	年份	单位	全盟资产价值总计
单位面积价值总计	2000	元/hm^2	24 782
	2005		24 669
	2010		24 814
	2015		25 564
价值总计	2000	亿元	4 159.73
	2005		4 113.47
	2010		4 151.18
	2015		4 301.79

锡林郭勒盟草原自然资源资产总价值中，土地资源、生物资源、生态功能价值所占的比例是不同的，2000年、2005年、2010年和2015年4个核算年中，土地资源价值所占总价值的比例分别为90.46%、90.96%、90.44%和87.74%，显著高于生物资源价值和生态功能价值所占的比例，因此土地资源价值对草原自然资源资产总价值的影响最明显。

3.7　本章结语

草原是内蒙古自治区生态系统的主体，其生态功能远远大于生产功能，要重新认识草原的生态功能，从草地生态系统的演替规律和内在发展机制出发，着力提升草原的质量和草地生态系统服务价值，增强生态产品实现能力。

第一，草原的生态功能大于生产功能。草原的固碳释氧、水源涵养、防风固沙、水土保持等生态功能尤为重要，在构筑北方重要的生态安全屏障方面发挥了主要作用。草原牧区的现代化建设必须坚持生态优先，不断探索生态现代化的路子。

第二，草原"土—草—畜—人"的生态关系链发展现状表明，生态系统物能流不闭环，物质输出大于输入，严重失衡，草原土壤退化是影响植被变化的根本因素，保护草原生态应该高度重视草原土壤质量的提升。

第三，以载畜量的方法评价内蒙古草原的草畜平衡存在适用性局限，以畜群动态代替生态平衡监测不能全面反映草原的生态状况，应科学进行草原生态监测。内蒙古自治区整体的饲草缺口仍然较大，因此加强人工饲草补给、提升天然草原监测水平显得尤为重要。

第四，草原牧区人口增长与草地退化指数呈向上正抛物线关系，人地关系理论平衡状态是1人/km^2，每增加1人/km^2，草地的退化指数就增加1％。目前，内蒙古自治区草原牧区纯牧业人口密度为3～12人/km^2，草原退化指数为30％～60％。草原生态保护应降低生态承载力。

第五，国家实施的草原生态保护工程与政策效益正逐步显现，草原生态植被明显好转，植被平均盖度逐渐提高。内蒙古自治区草原生态整体恶化的趋势得到有效遏制，生态保护取得初步成效。

参 考 文 献

[1] Baltagi B H. Econometric Analysis of Panel Data [M] . New York：John Wiley & SonsPress，1999.

［2］EvansJ，Geerken R. Discrimination between climate and human-includedryland degradation［J］. Journal of Arid Environments，2004，57：535-554.

［3］Mario G Manzano，1oseH NaH var. Processes of desertification by oatsovergrazing in the Tamaulipan thornscrub（matorral）in north-eastern Mexico.Journal of Arid Environments［J］. Nature，2000（44）：14-17.

［4］Ni J. Carbon storage in grasslands of China［J］. J Arid Environ，2002，50：205－218.

［5］Piao S，Fang J，Zhou L，et al. Changes in biomass carbon stocks in China's grasslands between 1982 and 1999［J］. Glob Biogeochem Cycles，2007，21：B2002.

［6］敖仁其，额尔敦乌日图.牧区制度与政策研究［M］.呼和浩特：内蒙古教育出版社，2009.

［7］包玉山，额尔敦扎布.内蒙古牧区发展研究［M］.呼和浩特：内蒙古大学出版社，2011.

［8］包玉山.内蒙古草原畜牧业的历史与未来［M］.呼和浩特：内蒙古教育出版社，2003.

［9］封志明，杨艳昭，李鹏.从自然资源核算到自然资源资产负债表编制［J］.中国科学院院刊，2014，29（4）：449-456.

［10］封志明.资源科学导论［M］.北京：科学出版社，2004.

［11］盖志毅，李媛媛，史俊宏.改革开放30年内蒙古牧区政策变迁研究［J］.内蒙古师范大学学报（哲学社会科学版），2008，37（5）：10-17.

［12］盖志毅.制度视域下的草原生态环境保护［M］.沈阳：宁民族出版社，2008.

［13］葛根高娃，乌云巴图.蒙古民族生态文化［M］.呼和浩特：内蒙古教育出版社，2004.

［14］国务院发展研究中心课题组.生态文明建设科学评价与政府考核体系研究［M］.北京：中国发展出版社，2014.

［15］韩建国.草地学（第三版）［M］.北京：中国农业出版社，2007.

［16］洪燕云，俞雪芳，袁广达.自然资源资产负债表的基本架构［C］//中国会计学会环境会计专业委员会学术年会论文集.北京：南京师范大学出版社，2014：141-150.

［17］黄溶冰，赵谦.自然资源资产负债表的编制与审计的探讨［J］.审计研究，2015，1：37-83.

［18］贾慎修.草地经营学及其发展.贾慎修文集［M］.北京：中国农业大学出版社，2002.

［19］颉茂华，干胜道，吴倩.草原资产核算探究［J］.中国草地学报，2012，34（5）：1-4.

［20］赖瑾瑾，刘雪华，靳强.顺义地区生态系统服务功能价值的时空变化［J］.清华大学学报（自然科学版），2008，48（9）：1466-1471.

［21］李士美，谢高地，张彩霞.典型草地地上现存生物量资产动态［J］.草业学报，2009，18（4）：1-8.

［22］刘湘溶.生态文明论［M］.长沙：湖南教育出版社，1999.

［23］刘钟龄.游牧文明与生态文明［M］.呼和浩特：内蒙古大学出版社，2001.

［24］柳碧晗，郭继勋.吉林省西部草地生态系统服务价值评估［J］.中国草地，2005，27（1）：12-16.

［25］马骏，张晓蓉，李治国，等.中国国家资产负债表研究［M］.北京：社会科学文献出版社，
　　　2012.

［26］朴世龙，方精云，贺金生，等.中国草地植被生物量及其空间分布格局［J］.植物生态学报，
　　　2004（28）：491‑498.

［27］钱阔，陈绍志，张卫民，等.自然资源资产化管理——可持续发展的理想选择［J］.北京，
　　　经济管理出版社，1996.

［28］任继周，胡自治，牟新待，等.草原的综合顺序分类法及其草原发生学意义［J］.中国草原，
　　　1980（1）：12‑24.

［29］任继周.草地资源的属性、结构与健康评价［M］.北京：中国农业大学出版社，1996.

［30］任继周.草地农业生态学［M］.北京：中国农业出版社，1995.

［31］戎郁萍，赵萌莉，韩国栋.草地资源可持续利用原理与技术［M］.北京：化学工业出版社，
　　　2004.

［32］萨仁.内蒙古生态文明发展现状及对策研究［J］.理论研究，2010（8）：25.

［33］世界资源研究所编.世界资源（2000—2001）［M］.北京：环境出版社，2002.

［34］苏大学.中国草地资源的区域分布与生产力结构［J］.草地学报，1994，2：71‑77.

［35］王栋.牧草学通论［M］.北京：农业出版社，1952.

［36］乌峰.蒙古族生态智慧论［M］.沈阳：宁民族出版社，2009.

［37］吴健.环境和自然资源的价值评估与价值实现［J］.中国人口.资源与环境，2007（6）：
　　　13-17.

［38］吴征镒.中国植被［M］.北京：科学出版社，1980.

［39］习近平.决胜全面建成小康社会夺取新时代中国特色社会主义伟大胜利———在中国共产党
　　　第十九次全国代表大会上的报告［EB/OL］.［2017-10-18］.https：//news.sina.com.cn/
　　　o/2017-10-18/doc-ifymyyxw3516456.shtml，2017.

［40］谢高地，鲁春霞，成升魁.全球生态系统服务价值评估研究进展［J］.资源科学，2001，
　　　23（6）：5-9.

［41］谢高地，张钇锂，鲁春霞，等.中国自然草地生态系统服务价值［J］.自然资源学报，
　　　2001，16（1）：47-53.

［42］薛晓源.生态文明研究前沿报告［M］.上海：华东师范大学出版社，2007.

［43］章祖同.中国重点牧区草地资源及其开发利用［M］.北京：中国科学技术出版社，1992.

［44］赵同谦，欧阳志云，郑华，等.草地生态系统服务功能分析及其评价指标体系［J］.生态
　　　学杂志，2004，23（6）：155-160.

［45］中共中央文献研究室.习近平关于社会主义生态文明建设论述摘编［M］.北京：中央文献
　　　出版社，2017.

［46］中共中央宣传部.习近平总书记系列重要讲话读本［M］.北京：学习出版社，人民出版社，
　　　2016.

［47］中国共产党第十八届三中全会.中共中央关于全面深化改革若干重大问题的决定［EB/OL］.
　　　［2013-11-15］. https：//finance.ifeng.com/a/20131115/11093995_0.shtml.

［48］中国森林资源核算及纳入绿色 GDP 研究项目组.绿色国民经济框架下的中国森林核算研究
　　　［M］.北京：中国林业出版社，2010.

［49］中国社会科学院农村发展研究所农业资源与农村环境保护创新团队.内蒙古草原可持续发
　　　展与生态文明制度建设研究［M］.北京：中国社会科学出版社，2015.

［50］中华人民共和国农业部畜牧兽医司，全国畜牧兽医总站.中国草地资源［M］.北京：中国
　　　科学技术出版社，1996.

第4章

生态文明建设背景下的
中国湿地保护战略

XIN**SHIDAI**
SHENGTAI WENMING
CONGSHU

4.1 引言

根据Ramsar给出的定义，湿地是指天然的或人工的、永久的或间歇性的沼泽地、泥炭地、水域地带，带有静止或流动、淡水或半咸水及咸水水体，包括低潮时水深不超过 6 m 的海域。这是全球各国政府广泛使用的管理概念，又称为广义概念。在《关于特别是作为水禽栖息地的国际重要湿地公约》（以下简称《湿地公约》）签署之前，不同国家、不同科学家对湿地有相对限制性的定义，狭义的定义强调生物、土壤和水文的彼此作用，以及湿生或水生植被、水成土壤、季节或常年淹水三大因子，反映了湿地处于水陆过渡带的状态，以及湿地生境的多样化和典型性，但人为割裂了生态系统的完整性，在管理上会出现诸多问题，不利于湿地的整体性和系统性保护。

湿地是地球上生产力最高的生态系统，与森林、海洋并称为地球三大生态系统，在涵养水源、调节气候、维持生物多样性等方面具有重要的作用，极具环境生态价值，被誉为"地球之肾"。据估计，全球湿地生态系统每年提供的生态系统服务价值高达47万亿美元，高于全球森林、荒漠或草原生态系统服务价值的总和。

2012年，党的十八大提出了"全面推进经济建设、政治建设、文化建设、社会建设、生态文明建设"的"五位一体"国家战略，其中，经济建设是根本，政治建设是保证，文化建设是灵魂，社会建设是条件，生态文明建设是基础。党中央、国务院明确把"湿地面积不低于8亿亩"列为到2020年我国生态文明建设的主要目标之一。《生态文明体制改革总体方案》明确了"建立湿地保护制度""开展湿地产权确权试点"等30多项改革任务，占全国生态文明体制改革总体方案174项任务分解的17.24%。习近平总书记分别对长江、黄河、三江源等关键湿地生态系统保护作出了明确指示，提出"努力把长江经济带建设成为生态更优美、交通更顺畅、经济更协调、市场更统一、机制更科学的黄金经济带，探索出一条生态优先、绿色发展新路子""一定要给子孙后代留下一条清洁美丽的万里长江"，并强调"共抓大保护、不搞大开发"。习近平总书记在"黄河流域生态保护和高质量发展座谈会"上指出，"黄河生态系统是一个有机整体，要充分考虑上中下游的差异。上游要以三江源、祁连山、甘南黄河上游水源涵养区等为重点，推进实施一批重大生态保护修复和建设工程，提升水源涵养能力。中游要突出抓好水土保持和污染治理。水土保持不是简单挖几个坑种几棵树，黄土高原降雨量少，能不能种树，种什么树合适，要搞清楚再干。有条件的地方要大力建设旱作梯田、淤地坝等，有的地方则要以自然恢复为主，减少人为干扰，逐步改善局部小气候。对汾河等污染严重的支流，则要下大气力推进治理。下游的黄河三角洲是我国暖温带最完整的湿地生态系统，要做好保护工作，促进河流生态系统健康，提高生物多样性。保护黄河是事关中华民族伟大复兴的千秋大计。"在国家生态文明建设中，湿地保护之所以受到中央高度重视，与其作为国家可持续发展的基石密切相关，湿地是受人类活动影响最大、退化最严重的生态系统。

4.2　中国湿地资源现状

4.2.1　面积及分布

我国湿地分布广、类型丰富、面积大，从寒温带到热带，从平原到高原山区均有湿地分布，几乎涵盖了《湿地公约》中所有的湿地类型。根据2014年1月国家公布的第二次全国湿地资源调查结果，我国湿地总面积为5 360.26万hm²（另有水稻田3 005.70万hm²未计入），湿地率为5.58%。其中，人工湿地面积为674.59万hm²，占12.63%。在自然湿地中，河流湿地面积为1 055.21万hm²，占19.75%；湖泊湿地面积为859.38万hm²，占16.09%；沼泽湿地面积为2 173.29万hm²，占40.68%；近海与海岸湿地面积为579.59万hm²，占10.85%（图4-1）。我国湿地面积占世界湿地面积的4%，位居亚洲第一、世界第四，位列加拿大、美国、俄罗斯之后。

按照我国水资源区划一级区统计，各流域湿地分布分别为西北诸河区湿地面积1 652.78万hm²、西南诸河区湿地面积210.81万hm²、松花江区湿地面积

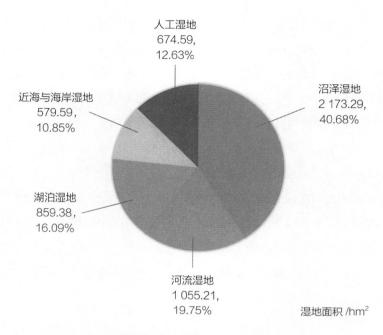

人工湿地
674.59,
12.63%

近海与海岸湿地
579.59,
10.85%

沼泽湿地
2 173.29,
40.68%

湖泊湿地
859.38,
16.09%

河流湿地
1 055.21,
19.75%

湿地面积 /hm²

图4-1　中国各类湿地面积及占比（万hm²）

928.07万hm²、辽河区湿地面积192.20万hm²、淮河区湿地面积367.63万hm²、黄河区湿地面积392.92万hm²、东南诸河区湿地面积185.88万hm²、珠江区湿地面积300.82万hm²、长江区湿地面积945.68万hm²、海河区湿地面积165.27万hm²、港澳台地区湿地面积18.20万hm²。

截至2018年7月，我国湿地面积已达8.04亿亩，共有国际重要湿地57个（内地56处、香港1处）、湿地自然保护区602个、国家湿地公园898个，湿地保护率达52%。

湿地作为地球上三大生态系统之一，其生产力极高，是生物多样性形成与保育的关键场所，蕴含着丰富的生物多样性。湿地是地球上具有多功能的独特生态系统，是自然界最富生物多样性的生态景观和人类最重要的生态环境之一。据估计，全球40%以上的物种依赖湿地。我国的自然湿地上有4 220种高等植物、2 312种动物（包括兽类31种、鸟类271种、爬行类122种、两栖类300多种、鱼类1 000多种）。

4.2.2　湿地生态系统多样性

我国生态系统类型多样，几乎包涵全球所有湿地类型。根据《湿地分类》（GB/T 24708—2009）国家标准，分为沼泽湿地、湖泊湿地、河流湿地、滨海湿地和人工湿地5类（图4-2）。

（a）长江源河流湿地　　　　　　　　　　　　　　（b）若尔盖沼泽湿地

（c）九寨沟高山湖泊湿地　　　　　　　　　　　　（d）嫩江上游森林沼泽湿地

图4-2　我国典型内陆湿地

1.沼泽湿地生态系统

沼泽湿地是一种特殊的自然综合体，凡同时具有以下3个特征的湿地均统计为沼泽湿地：①受淡水或咸水、盐水的影响，地表经常过湿或有薄层积水；②生长有沼生和部分湿生、水生或盐生植物；③有泥炭积累，或虽无泥炭积累，但土壤层中具有明显的潜育层。沼泽湿地可分为藓类沼泽、草本沼泽、灌丛沼泽、森林沼泽、内陆盐沼、季节性咸水沼泽、沼泽化草甸、地热湿地、淡水泉和绿洲湿地。

沼泽湿地在地理空间上的分布主要取决于形成沼泽的水热条件，而水热条件既受纬度地带性因素的制约，又受海陆分布、地形等非地带性因素的影响。因此，沼泽在地理分布和类型特征上既显示出地带性规律，又有非地带性或地区性差异。目前，我国的沼泽湿地以东北三江平原、大兴安岭、小兴安岭、长白山地和青藏高原地区居多，在天山山麓、阿尔泰山、云贵高原以及各地河漫滩、湖滨、海滨一带也有发育，山区多为木本沼泽，平原则草本沼泽居多。

2. 湖泊湿地生态系统

我国的湖泊湿地可分为永久性淡水湖、永久性咸水湖、季节性淡水湖和季节性咸水湖。我国幅员辽阔，由于区域自然地理环境的差异，以及成因和发展演化阶段的不同，湖泊湿地显示出不同的区域特点和多种多样的类型。根据自然环境的差异、湖泊资源开发利用和湖泊环境整治的区域特色，我国的湖泊湿地可划分为5个自然区域。

（1）东部平原地区湖泊

东部平原地区湖泊主要指分布于长江及淮河中下游、黄河及海河下游和大运河沿岸的大小湖泊，其中，面积为1.0 km²以上的湖泊有696个，总面积为21 171.6 km²，约占全国湖泊总面积的23.3%。我国著名的五大淡水湖——鄱阳湖、洞庭湖、太湖、洪泽湖和巢湖均位于该区域。这是我国湖泊分布密度最大的地区之一，尤其是长江中下游平原及三角洲地区，水网交织，湖泊星罗棋布，呈现出一派"水乡泽国"的自然景观。该区域湖泊的水情变化显著，生物生产力较高，人类活动影响强烈，资源利用以调蓄滞洪、供水、水产养殖、围垦种植和航运为主，但由于人类活动影响强烈，这一区域湖泊的数量和面积锐减，水体富营养化和水质污染有逐渐加重的趋势。

（2）蒙新高原地区湖泊

蒙新高原地区湖泊中面积为1.0 km²以上的湖泊有724个，总面积为195 44.6 km²，约占全国湖泊总面积的21.5%。该区域地处内陆，气候干旱，降水稀少，地表径流补给不丰，蒸发强度较大，超过了湖水的补给量，因此湖水不断浓缩，湖泊逐渐发育成闭流类的咸水湖或盐湖，资源利用以盐湖矿产为主。

（3）云贵高原地区湖泊

云贵高原地区湖泊中面积为1.0 km²以上的湖泊有60个，总面积为1 199.4 km²，约占全国湖泊总面积的1.3%。该区域全是淡水湖，一些大的湖泊都分布在断裂带或各大水系的分水岭地带，如滇池、抚仙湖和洱海等。由于入湖支流水系较多，而出流水系普遍较少，故该区域湖泊的换水周期长，生态系统较脆弱，资源利用以灌溉、供水、航运、水产养殖、水能发电和旅游景观为主。

（4）青藏高原地区湖泊

青藏高原地区湖泊中面积为1.0 km²以上的湖泊有1 091个，总面积为44 993.4 km²，约占全国湖泊总面积的49.5%。该区域是地球上海拔最高、数量最多、面积最大的高原湖群区，也是我国湖泊分布密度最大的两大稠密湖群区之一，为黄河、长江水系和雅鲁藏布江的河源区，湖泊补水以冰雪融水为主，湖水入不敷出，干化现象显著，近期多处于萎缩状态。该区域以咸水湖和盐湖为主，资源利用以湖泊的盐、碱等矿产开发为主。

（5）东北平原地区与山区湖泊

东北平原地区与山区湖泊中面积为1.0 km²以上的湖泊有140个，总面积为3 955.3 km²，约占全国湖泊总面积的4.4%。该区域的湖泊汛期（6—9月）的入湖水量为全年水量的78%～80%，水位高涨，冬季水位低枯、封冻期长。

3. 河流湿地生态系统

我国的河流湿地生态系统可分为永久性河流、季节性或间歇性河流、洪泛平原湿地。我国流域面积在100 km²以上的河流有5万多条，流域面积在1 000 km²以上的河流约1 580条。受地形、气候影响，河流在地域上的分布很不均匀，绝大多数河流分布在东部气候湿润多雨的季风区，在西北内陆气候干旱少雨区河流较少，并有大面积的无流区。从大兴安岭西麓起沿东北、西南向，经阴山、贺兰山、祁连山、巴颜喀拉山、念青唐古拉山和冈底斯山，直到我国西端的国境，为我国外流河与内陆河的分界线。这条分界线以东、以南都是外流河，面积约占全国总面积的65.2%，其中，流入太平洋的河流面积占全国总面积的58.2%，流入印度洋的河流面积占全国总面积的6.4%，流入北冰洋的河流面积占全国总面积的0.6%；以西、以北除额尔齐斯河流入北冰洋外，均属内陆河，面积占全国总面积的34.8%。

在外流河中，发源于青藏高原的河流都是源远流长、水量很大、蕴藏着巨大水利资源的大江大河，主要有长江、黄河、澜沧江、怒江和雅鲁藏布江等；发源于内蒙古高原、黄土高原、豫西山地和云贵高原的河流主要有黑龙江、辽河、滦海河、淮河、珠江和元江等，发源于东部沿海山地的河流主要有图们江、鸭绿江、钱塘江、瓯江、闽江和赣江等，这些河流逼近海岸，流程短、落差大，水量和水力资源比较丰富。

我国的内陆河分为新疆内陆诸河、青海内陆诸河、河西内陆诸河、羌塘内陆诸河和内蒙古内陆诸河五大区域。内陆河的共同特点是径流产生于山区，消失于山前平原或流入内陆湖泊。在内陆河区有大片的无流区，不产流的面积共约160万km^2。

在我国的跨国境线的河流中，额尔古纳河、黑龙江干流、乌苏里江流经中俄边境，图们江、鸭绿江流经中朝边境，黑龙江下游经俄罗斯流入鄂霍次克海，额尔齐斯河汇入俄罗斯境内的鄂毕河，伊犁河下游流入哈萨克斯坦境内的巴尔喀什湖，绥芬河下游流入俄罗斯境内经海参崴入海，西南地区的元江、李仙江和盘龙江等为越南红河的上源，澜沧江出境后称湄公河，怒江流入缅甸后称萨尔温江，雅鲁藏布江流入印度后称布拉马普特拉河，西藏的朗钦藏布、森格藏布和新疆的奇普恰普河都是印度河的上源，流经印度、巴基斯坦入印度洋。此外，还有上游不在我国境内的河流，如克鲁伦河自蒙古境内流入中国的呼伦湖等。

4. 滨海湿地生态系统

我国的滨海湿地可分为浅海水域、潮下水生层、珊瑚礁、岩石海岸、沙石海滩、淤泥质海滩、潮间盐水沼泽、红树林、河口水域、三角洲/沙洲/沙岛、海岸性咸水湖和海岸性淡水湖，主要分布于沿海的11个省（区、市）和港澳台地区。海域沿岸约有1 500多条大中河流入海，形成了浅海滩涂、珊瑚礁、河口水域、三角洲和红树林等湿地生态系统（图4-3）。滨海湿地以杭州湾为界，分成杭州湾以北和杭州湾以南两个部分。

（a）黄河三角洲河口湿地

（b）海南东寨港红树林湿地

图4-3　我国典型滨海湿地

　　杭州湾以北的滨海湿地，除山东半岛、辽东半岛的部分地区为岩石性海滩外，多为沙质和淤泥质海滩，由环渤海滨海湿地和江苏滨海湿地组成。这里植物生长茂盛，潮间带无脊椎动物特别丰富，浅水区域鱼类较多，为鸟类提供了丰富的食物来源和良好的栖息场所。因而，我国杭州湾以北海岸的许多部分成为大量珍禽的栖息过境或繁殖地，如辽河三角洲、黄河三角洲和江苏盐城沿海等。黄河三角洲和辽河三角洲是环渤海的重要滨海湿地，其中，辽河三角洲有集中分布的世界第二大苇田——盘锦苇田，面积为6.6万hm^2。环渤海滨海湿地由莱州湾湿地、马棚口湿地、北大港湿地和北塘湿地构成；江苏滨海湿地主要由长江三角洲和黄河三角洲的一部分构成，仅海滩面积就达55万hm²。

杭州湾以南的滨海湿地以岩石性海滩为主，主要河口及海湾有钱塘江-杭州湾、晋江口-泉州湾、珠江口河口湾和北部湾等。在海湾、河口的淤泥质海滩上分布有红树林，在海南至福建北部沿海滩涂及我国台湾西海岸均有天然红树林分布区。热带珊瑚礁主要分布在西沙群岛、南沙群岛和我国台湾、海南沿海，其北缘可达北回归线附近。

5. 人工湿地生态系统

我国的人工湿地包括库塘、运河、输水河和水产养殖场等。根据2014年国家林业局发布的全国第二次湿地资源调查数据，我国现有大中型水库2 903座，蓄水总量为1 805亿m³，主要分布于我国水利资源比较丰富的东北地区、长江中上游地区、黄河中上游地区以及广东等地。

4.3 湿地保护面临的主要威胁

我国自1992年正式签署国际《湿地公约》以来，湿地减少的趋势有所减缓，但天然湿地面积仍然以每年1％的速度减少。据全国第一次和第二次湿地资源调查表明，与第一次调查同口径比较，2003—2013年，我国湿地面积减少了339.63万hm²，减少率为8.82％；自然湿地面积减少了337.62万hm²，减少率为9.33％。

第二次全国湿地资源调查也揭示了我国湿地资源面临的种种严重威胁。在对全国376块重点湿地的调查中发现，位于沿海地区、长江中下游湖区、东北沼泽湿地区的117块湿地已经遭到或正面临着盲目开垦和改造的威胁，占所有重点调查湿地总数的30.3％。

开垦湿地、改变自然湿地用途和城市开发占用自然湿地已经成为我国自然湿地面积减少、功能下降的主要原因。我国的沼泽湿地由于泥炭开发和作为农用地开垦，面积也在急剧减少。三江平原是我国最大的平原沼泽集中分布区，20世纪50年代初期，其湿地面积约为500万hm²，1975年为217万hm²，1983年下降到

183万hm²，1995年仅有104万hm²，2000年不到90万hm²。2014年全国第二次湿地资源调查数据显示，我国围垦湖泊面积达130万hm²以上，因围垦而消失的天然湖泊近1 000个。洞庭湖湿地自清朝初期至今，面积从62.7万hm²减少至26.25万hm²，减少率达58%。

20世纪50年代到90年代末年，长江河口湿地已被围垦的滩涂达7.85万hm²。我国南方滨海湿地，尤其是红树林湿地自20世纪50年代以来持续被围垦，从1950年以前的48 266 hm²、1957年的40 000 hm²、2001年的22 024.9 hm²到2019年恢复至28 400 hm²，最严重时（2001年）面积减少了54%（图4-4）。

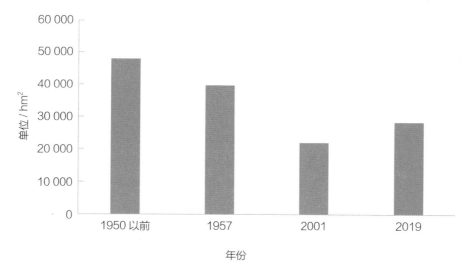

图4-4　我国红树林面积变化情况

（数据来源：《中国红树林保护及恢复战略研究报告》）

随着湿地面积的减少，湿地生态功能明显下降，生物多样性降低。环境污染、生物资源过度利用和水资源不合理利用等严重威胁着湿地安全。根据第二次全国湿地资源调查，湿地环境污染问题已经成为我国湿地面临的最严重的威胁之一。在376块重点调查湿地中，位于沿海地区、长江中下游湖区以及东部人口密集区的库塘湿地等98块湿地正面临着环境污染的威胁，占所有重点调查湿地的26.1%。湿地环境污染主要包括大量工业废水、生活污水的排放和由油气开发等引起的漏油、溢油事故，以及由农药、化肥引起的面源污染等。湿地环境污染不仅对生物多样性造成严重危害，还使水质变坏。令人担忧的是，湿地环境污染正随着工业化进程的发展而迅速加剧。

湿地生物资源过度利用严重威胁着我国湿地生态系统的安全。在376块重点调查湿地中，共有91块湿地正面临生物资源过度利用的威胁，占所有重点调查湿地的24.2%。这一威胁主要存在于沿海地区、长江中下游湖区和东北沼泽湿地区。生物资源的过度利用导致一些物种趋于濒危边缘，同时还导致湿地生物群落结构的改变及生物多样性的降低。

水资源不合理利用也对我国湿地造成了严重威胁，并有不断加重的趋势。在376块重点调查的湿地中，有25块湿地面临着水资源不合理利用的威胁，占所有重点调查湿地的6.6%，主要表现为在湿地上游建设水利工程截留水源，以及注重工农业生产和生活用水而不关注生态环境用水。

大江、大河上游的森林砍伐影响着流域生态平衡，造成来水量减少、河流泥沙含量增大，导致湿地泥沙淤积日益严重，使湿地面积不断减小、功能不断衰退、洪涝灾害加剧。在376块重点调查湿地中，有30块面临泥沙淤积的威胁，占所有重点调查湿地的8%，主要是湖泊湿地和库塘湿地。

河流湿地除洪泛湿地的围垦、污染、非法采砂、过度捕捞外，大坝建设也会将完整的河流生态系统片段化，截断鱼类洄游通道，改变水文节律和水温，干扰河流泥沙淤积与冲刷过程等，对水生生物产生较大威胁。以长江流域为例，根据2017年全国水利普查，目前建有水库51 643座，其中用于水力发电的有19 426座，导致1 017 km的河道断流。长江上游的水利梯级开发基本上将河流的自然生态特征全部改变为库塘湿地，尽管全流域建立了较为系统的保护区，但由于河流湿地的退化，一些关键物种，如白鲟（*Psephurus gladius*）、长江鲥鱼（*Macrura reevesii*）、鳡鱼（*Luciobrama macrocephalus*）和白鱀豚（*Lipotes vexillifer*）在过去20年中消失，还有更多的物种可能已经灭绝或即将灭绝。

4.4 湿地管理的"瓶颈"与机遇

湿地是全球最濒危的生态系统，我国湿地遭受的破坏极为严重，目前湿地率仅为5.58%，远远低于全球8.6%的平均值。国家高度重视湿地保护，早在2000年就颁布了《中国湿地保护行动计划》，2004年又发布了《全国湿地保护工程规划》，国务院还多次发布加强湿地保护的通知，各省（区、市）也先后颁布了省级湿地保护条例。目前，全国湿地保护率超过了50%，但天然湿地每年丧失的速度仍然高达1%，这充分反映出湿地保护管理的效率不高，说明湿地保护面临关键"瓶颈"。

与其他生态系统相比，湿地生态系统的整体性、关联性极强。湿地生态系统三大过程如图4-5所示。无论从湿地的水文过程、生态学过程，还是生物地球化学过程来衡量，任何肢解生态系统完整性、要素式的管理战略均会影响湿地生态系统健康，降低湿地生态系统服务。

（a）生物地球化学过程

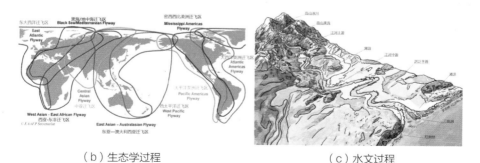

（b）生态学过程 　　　　　　　　　　　　　（c）水文过程

图4-5　湿地生态系统三大过程

由于湿地生态系统整体性的理念没有得到充分认识，湿地保护的法规体系也没有建立，湿地保护管理部门一直是弱势部门。湿地管理是一项新兴事业，在这一概念出现以前，国家曾先后对湿地生态系统的不同要素立法，如《中华人民共和国水法》《中华人民共和国防洪法》《中华人民共和国渔业法》《中华人民共和国野生动物保护法》《中华人民共和国草原法》《中华人民共和国土地管理法》《中华人民共和国森林法》等，在实际管理过程中，无法突破单一要素管理的弊端，更重要的是湿地在土地分类体系中没有法律地位，历来被列为"未利用地"，因而成为经典的"公地悲剧"。由于没有湿地保护的法律体系，湿地生态系统管理是典型的"九龙治水"模式，政出多门，管理边界交叉重复，管理职责不清，生态服务权衡过程不透明，因而导致管理效率低下。湿地保护管理面临的"瓶颈"还包括科技支撑体系尚未建立、专业人才需求缺口大和资金没有保障等。

党的十八大把生态文明建设纳入中国特色社会主义事业"五位一体"总体布局，湿地保护面临的一系列问题正是生态文明建设需要突破的关键问题，事关国家生态安全，事关经济社会可持续发展，事关中华民族子孙后代的生存福祉。因此，习近平总书记曾多次考察湿地，强调要保护好湿地。《生态文明体制改革总体方案》发布后，在全国上下践行习近平生态文明思想的背景下，我国湿地保护面临的一系列问题迎来了千载难逢的机遇。

4.5 生态文明建设背景下的湿地保护管理战略

4.5.1 加快湿地立法进程，建立湿地保护和合理利用的法治体系

我国政府于1992年1月3日正式向《湿地公约》保存机构——联合国教科文组织（UNESCO）递交了由我国外交部部长钱其琛签署的无任何保留条款的加入书。同年7月31日加入书正式生效，我国成为《湿地公约》第67个缔约方。截至2020年年底，我国已指定64处国际重要湿地，获批6个国际湿地城市，又有7个城市申报国际湿地城市。《湿地公约》的使命是通过地方和各成员国的实际行动及国际合作，共同保护和合理利用湿地，为全球可持续发展作出贡献。作为《湿地公约》的签约

国，我国需要履行义务，其中制定国家层面的法规政策是核心。

湿地立法要坚持山水林田湖草沙是一个生命共同体的理念。习近平总书记曾形象地指出，"山水林田湖是一个生命共同体，形象地讲，人的命脉在田，田的命脉在水，水的命脉在山，山的命脉在土，土的命脉在树。金木水火土，太极生两仪，两仪生四象，四象生八卦，循环不已。""要用系统论的思想方法看问题，生态系统是一个有机生命躯体，应该统筹治水和治山、治水和治林、治水和治田、治山和治林等。"习近平总书记运用太极循环方式形象地说明了要以万物的循环往复和整体性看待我们所处的自然界，更重要的是为我们解决当前面临的生态问题提出了一个全新的视角，也就是跳出生态治理"头痛医头，脚痛医脚"的怪圈，思考如何全面、系统地解决生态环境问题。

湿地立法的核心问题是湿地概念，也即立法范围的界定。历史上"九龙治水"的弊端就是湿地资源的要素式管理，缺乏生态系统完整性的理念。

湿地立法的关键问题是在保护与合理利用之间进行权衡的科学性、公开透明性和合理性。在统筹湿地生态系统整体性保护和管理的基础上，协调现有相关法律、政策，消除彼此矛盾的法律条款和政策，确保湿地资源的合理利用、文化传承，不要"一刀切"、死保护，要实现湿地生态系统服务的最大化。

4.5.2　建立公开监督机制，落实湿地保护修复责任

湿地生态系统的保护与发展要坚守生态红线，增强战略定力，"要像保护眼睛一样保护生态环境"。党的十八届三中全会提出，紧紧围绕建设美丽中国，深化生态文明体制改革，加快建立生态文明制度，健全国土空间开发、资源节约利用、生态环境保护的体制机制，推动形成人与自然和谐发展的现代化建设新格局。

2016年出台的《湿地保护修复制度方案》（国办发〔2016〕89号）对我国湿地面积作了到2020年不低于8亿亩的目标要求。各地逐级落实湿地面积管控目标、湿地生态特征管控目标，推进建立相应的考核奖惩机制，调动各级地方政府保护湿地的积极性，将国家重要湿地纳入生态保护红线的湿地范围，实行最严格的管控措施；同时，实施湿地保护修复重大工程，提升湿地生态系统的整体功能，守住湿地

保护的底线。

在落实各级政府主体责任的同时，还要配备系统的监督、保障机制，强化各级政府的战略定力，建立制度体系，如设立主体负责机制、实施负面清单管理、健全第三方湿地监测评价制度、公众监督机制，将湿地保护成效指标纳入地方生态文明建设目标评价考核体系，使湿地保护制度能够真正具有执行力。

4.5.3　构建以国家公园为主体的湿地生态系统保护体系

我国目前建立了以国际重要湿地、国家重要湿地为主体，以自然保护区、湿地公园和湿地保护小区为路径的湿地保护体系，保护率超过52%，是全球湿地保护比例最高的国家，但距建立以国家公园为主体的自然保护地体系还有相当的距离。应在生态区位重要地区、大江大河源头、重要的湖泊和沼泽湿地建立一些湿地生态系统类型的国家公园，并对一些原有湿地集中连片分布但目前破碎化严重、面积不断萎缩、生态功能快速减退的湿地，尤其是在维护区域淡水安全、粮食安全、生物多样性安全等方面作用突出，与民生关系紧密的湿地，应着重加大保护力度，对其进行恢复和修复，建立湿地保护区、湿地自然公园，维护其生态系统的稳定性，提高生态服务功能。

4.5.4　完善湿地生态系统监测与自然资本评估体系，实施生态补偿，构建和谐社会

在2014年启动的湿地生态效益补偿试点的基础上，继续开发和完善一套基于绩效的自然资本核算指标，特别是绿色GDP指标——GEP指标体系的开发与试点，促进湿地保护管理和生物多样性保护的创新。在我国主要湿地分布区，设立湿地监测与评估中心，为生态补偿的实施提供科学且可依据的数据，实现可操作的生态补偿方案，促进湿地周边社区的可持续发展。

4.6 本章结语

　　湿地和人类文明与发展息息相关，是全球生态系统服务价值最高的生态系统，具有极其重要的经济价值、社会价值和生态价值。然而，正是因为湿地的存在为人类发展提供了基础和保障，历史上"九龙治水"的格局延续了数千年，导致湿地生态系统成为被争夺、被开发利用的主要对象，成为全球受威胁最严重的生态系统。世界自然基金会（WWF）的最新报告表明，全球鱼类、鸟类、哺乳动物、两栖动物和爬行动物的种群数量相较1970年的平均水平下降了60%，其中，淡水生态系统的生物种群数量下降达83%，充分说明湿地生态系统面临的严峻现实。我国生态文明建设为湿地保护管理提供了难得的机遇，在我国经济社会发展进入新阶段、社会发展的主要"瓶颈"和矛盾均发生变化的背景下，为湿地生态系统立法是生态文明建设的基础性内容，是贯彻落实国家生态文明建设战略的关键措施，践行"尊重自然、顺应自然、保护自然"的生态文明建设基本理念，以"山水林田湖草沙是一个生命共同体"作为国家治理的基本思想，可以彻底杜绝"九龙治水"的弊端。

参 考 文 献

［1］Ramsar. Global Wetland Outlooks［R］. 2018.

［2］Ramsar. Wetlands Nourish Life［R］. 2020.

［3］WWF. Living Planet Report［R］. 2018.

［4］保尔森基金会，老牛基金会，红树林基金会. 中国红树林保护及恢复战略研究报告［R］. 2020.

［5］国家林业局. 中国第二次全国湿地资源调查报告［R］. 2014.

［6］湖南省国土资源厅. 洞庭湖历史变迁地图集［M］. 长沙：湖南地图出版社，2011.

［7］雷光春，张正旺，于秀波. 中国滨海湿地保护战略研究［M］. 北京：高等教育出版社，2016.

［8］印红. 中国湿地生物多样性保护主流化的理论与实践［M］. 北京：科学出版社，2009.

第5章

农田生态系统的建设
保护与生态文明

XIN**SHIDAI**
SHENGTAI WENMING
CONGSHU

5.1 引言

习近平总书记在党的十九大报告中强调，"确保国家粮食安全，把中国人的饭碗牢牢端在自己手中。"党的十八届五中全会通过的"十三五"规划建议提出，坚持最严格的耕地保护制度，坚守耕地红线，实施"藏粮于地、藏粮于技"战略，提高粮食产能。"藏粮于地、藏粮于技"战略是贯彻党的十九大精神、贯彻落实新发展理念的必然要求，是守住绿水青山、建设美丽中国的时代担当，是加快农业现代化、促进农业可持续发展的重大举措，对保障国家食物安全、资源安全和生态安全，维系当代人类福祉和保障子孙后代永续发展具有重大意义。这一战略的实现关键是要保障农田数量和提升农田质量，恢复和提升农田生态系统服务功能。此外，作为一种人工生态系统，耕地除具有生产功能外，还具有重要的调节气候、涵养水源、维持生物多样性和净化、景观、文化等生态服务功能，是国家安全与社会稳定的关键因素。正是基于上述原因，习近平总书记高度强调，"耕地是我国最为宝贵的资源。我国人多地少的基本国情，决定了我们必须把关系十几亿人吃饭大事的耕地保护好，绝不能有闪失。要实行最严格的耕地保护制度，依法依规做好耕地占补平衡，规范有序推进农村土地流转，像保护大熊猫一样保护耕地。"

5.2 我国农田生态系统现状和面临的问题

实施"藏粮于地、藏粮于技"战略的根本在于耕地和农田生态系统保护和建设。只有保证了足够数量的耕地面积和不断提升的耕地质量，确保耕地资源的可持续利用，才能保障国家粮食产量和粮食安全。然而，不管是从耕地数量还是质量来看，我国当前的耕地资源形势都非常严峻，面临着耕地资源匮乏、整体质量偏低、土壤退化和污染严重等问题。

5.2.1 农田数量不足，质量不高

第二次全国土地调查结果显示，2015年我国的耕地面积为1.35亿hm^2，人均耕

地不足0.11 hm²，仅为世界人均数量的45%。随着工业化和城镇化进程的加快，城市和交通建设不断推进，耕地数量还将持续减少。在城镇化过程中，被占耕地多是城市周边、交通沿线的优质耕地，补充耕地的质量大多低于被占耕地。"十三五"期间，耕地年平均减少面积为90万hm²。《乡村振兴战略规划（2018—2022年）》要求，要严守耕地红线，全面落实永久基本农田特殊保护制度，完成永久基本农田控制线划定工作，确保到2020年永久基本农田保护面积不低于15.46亿亩；大规模推进高标准农田建设，确保到2022年建成10亿亩高标准农田；加强农田水利基础设施建设，实施耕地质量保护和提升行动，到2022年农田有效灌溉面积达10.4亿亩，耕地质量平均提升0.5个等级（别）以上。根据目前我国经济和城市化发展的趋势，实现这一目标将是一项艰巨的任务。

此外，我国耕地质量整体水平偏低，中低产田面积比例较大，主要表现为农业基础设施薄弱，农田有效灌溉面积占耕地总面积的比重偏低。我国耕地土壤有机质含量不足1%的面积达26%，整体有机质含量低于欧洲同类土壤的一半。农业农村部关于全国耕地质量等级情况的公报统计显示，全国高、中、低产田的面积分别为0.31亿hm²、0.43亿hm²、0.34亿hm²，其中，中低产田的面积占耕地总面积的比例高达70%，低产田占比超过30%。虽然我国通过土地开发、土地整理和土地复垦，平均每10年补充耕地280万～490万hm²，但这些耕地一般多为劣质低产田，很难快速达到优质耕地的水平。

5.2.2　农田土壤退化明显，障碍因素复杂多样

我国耕地土壤退化面积较大，占耕地总面积的40%以上，而且退化趋势日趋严重。土壤退化突出表现在耕层变浅、有机质含量偏低、土壤养分呈现非均衡化、水土流失以及土壤盐渍化、沙化、酸化等方面。据报道，我国水土流失面积为356万km²，年平均增加1万km²；东北黑土区的土壤耕层厚度只有12～15 cm。近30年，我国21.6%的耕地出现严重酸化，pH平均降低了0.85个单位，主要集中在湘赣粤等红壤地区。

此外，我国土壤污染严重，障碍因素复杂多样。按照联合国的划分方法，我国

有障碍耕地的面积占 89％，无障碍耕地仅占 11％。2014年4月17日，全国土壤污染状况调查结果公布，全国土壤总点位超标率为16.1％，其中，耕地土壤点位超标率为19.4％，镉污染物超标率为7.0％，南方地区土壤污染较重，农田土壤环境质量十分堪忧，受农药污染的耕地土壤面积达 0.09 亿hm²，农产品质量安全受到严重威胁。耕地土壤污染加重已成为制约农业可持续发展的突出矛盾。

5.2.3 农田景观生态系统服务功能受损

农田（耕地、园地和草地）及其周边田埂、沟路林渠、小片林地、灌丛、草地、坑塘湿地等半自然生境构成了农田景观镶嵌体，维系着全球约50％的野生濒危物种，是陆地生物多样性的重要组成部分。农田生物群落可分为3类：①生产性生物，如农作物、林木和饲养动物等；②资源性生物，如农林作物的野生种、传粉昆虫、害虫天敌和有益土壤微生物等；③有害性生物，如杂草、害虫、病原体、鼠类等。欧美等发达国家在农业可持续发展的研究和实践中形成的普遍共识是，农业可持续发展除合理利用热量、土地和水等自然资源，优化化肥、农药等外部投入外，还必须恢复和提升农田景观对生物多样性的维持功能和生态系统服务功能。

现代集约化生产过程中，过量农业化学品和单一化作物高产品种的使用、农业集约化、农田景观均质化、农田基础设施过度硬化、防护林营建树种和结构单一、外来物种入侵、气候变化等因素造成了水土污染、农田半自然生境丧失、生态异质性降低，导致农田生态系统生物多样性及其提供的遗传资源、授粉、天敌和害虫调控、碳固持、土壤肥力保持、养分循环、水质净化、文化和休闲等生态系统服务功能受损，使农业生态系统抵御自然灾害风险的能力降低、生态脆弱性增高。图5-1为1999—2007年北京市平原区生态服务功能变化情况。其中，生态服务价值主要包括气体调节、气候调节、水源涵养、土壤形成与保护、废物处理和生物多样性保护。1999—2007年，北京市平原区49.8％的区域生态服务价值呈现降低趋势，11.9％的区域生态服务价值有所增加；在41％的土地利用方式没有发生变化的地块上，农地生态景观质量呈退化趋势。因此，加强耕地和林地生态景观建设和管理、提高生态服务功能是大城市郊区农业生态环境建设和管理的重要任务。

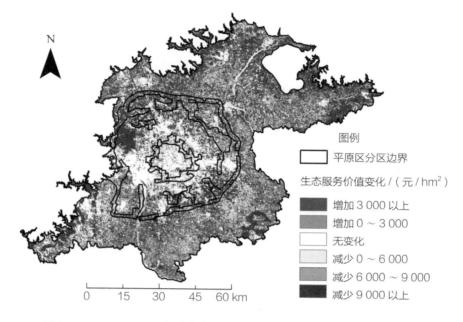

图5-1　1999—2007年北京市平原区农田生态服务功能变化情况

　　在南方农业集约化地区，水田黄鳝、泥鳅、青蛙、鸟类、蛇、土壤蚯蚓、蜘蛛、步甲、蝴蝶和蜜蜂等有益生物大量减少，导致天敌和害虫数量变化不平衡，天敌减少，害虫数量增多；农田景观破碎化严重，景观格局安全性低。随着我国城镇化、工业化的快速发展，大量农田被占用、分割，连片农田呈现越来越明显的破碎化发展趋势。破碎化的农田景观格局改变了生境斑块间的物理环境，不仅影响了物种的散布和农田生态总体功能的发挥，还引起了一系列生态环境问题，特别是加速了水土流失。

　　此外，我国耕地撂荒严重。李升发等通过入村、入户问卷调查的方式获得了全国153个山区县的撂荒信息，经过统计抽样推断，2014—2015 年全国山区县耕地撂荒率为14.32％，其中江西、重庆撂荒率最高，其次是甘肃、浙江、四川、湖南、广西。耕地停止耕种后，缺少管理的半自然人工生态系统随时间会逐渐演替为自然生态系统，这不仅彻底改变了传统的农业景观，而且具有深刻的生态环境效应。国外对耕地撂荒的生态环境效应研究主要集中在生物和景观多样性、碳汇功能、土壤侵蚀和恢复、森林火灾等方面，其中关于撂荒对生物多样性影响的研究最为丰富。在欧洲超过50％的重要生物群落生活在粗放式经营的耕地，这类耕地被认为具有极高的自然价值，能够促进生物多样性保护。因此，这类耕地撂荒后，农田生态系统会发生自然演替，使物种丰富的栖息地遭受破坏、生物食物短缺，进而导致具有较高保护价值的传统农业景观发生退化，而原先生活在农田系统中的部分物种随之消失，对鸟类、节肢动物的生存威胁尤为严重，最终造成野生种群数量大量减少、生态和美学价值下降等问题。但是，国内对耕地撂荒的研究较少，在不同地区、不同自然地理条件下耕地撂荒的生态环境效应可能存在巨大差异，需要加以甄别以制定合理的管理措施。

5.3 农田生态系统的建设和保护

5.3.1 优化农田生态系统格局

2015年，中共中央、国务院印发的《生态文明体制改革总体方案》提出"山水林田湖草是一个生命共同体"理念。"人的命脉在田，田的命脉在水，水的命脉在山，山的命脉在土，土的命脉在树"，倡导了生态学系统观和生命观，为农田生态系统保护和空间格局优化提供了方法论。从几十亩地的沟路林渠田，到几平方千米的山水林田村，再到几百平方千米的山水林田湖草，都是一个生命共同体，更是一个景观综合体。它们记载了人类长期适应和改造自然的足迹，形成了具有唯一感知的景观特征、特定的生物与环境相互作用的生态过程。不同尺度的"生命共同体"具有不同的生态景观特征，而同一生态过程在不同尺度上的变化规律也不同，当低层次的单元结合在一起组成一个较高层次的功能性整体时，总会产生一些新的特性。因此，一个地区农田生态系统空间格局的优化需要分析评价"沟路林渠田""山水林田村"等不同尺度土地（景观）综合体格局与水土气流动、生物迁移、污染物迁移、天敌-害虫调控、昆虫授粉等生态过程的相互关系及其尺度，分析山水林田湖所构成的景观特征和形成机制，评价土地开发强度和耕地产能，开展景观格局与污染物迁移、物种流等生态过程及其生态系统服务功能的空间定量化分析，分析生态服务多功能供给和需求的空间差异性，通过预测和情景分析，比较各种情景下生产与生态服务和环境成本与收益，确定永久基本农田红线，优化农田空间格局，提高国土空间生态系统弹性；依据国土空间规划，按照现代农业发展要求，调整优化农田结构布局，形成集中连片、设施配套的基本农田格局。在粮食主产区，应将高标准基本农田建设与新农村建设相结合，大力推进田水路林村综合整治，建成规模成片的高标准基本农田，促进适度规模经营；在城市近郊区，应加强优质农田特别是基本农田保护，强化农田景观和绿隔功能，促进现代都市农业和休闲农业发展；在生态脆弱区，应着力提升耕地生态功能，建成集水土保持、生态涵养、特色农产品生产于一体的生态型基本农田；交通、水利等重大基础设施沿线，应加大损毁耕地整理复垦，与周边耕地连片配套建设，统筹划入永久基本农田，提高土地利用效率，改善农田生态景观。不同景观建设模式比较如图5-2所示。

图5-2　不同景观建设模式比较

5.3.2　优质农田生态系统保育

在我国的20亿亩耕地中，只有4亿亩能够达到高产农田生产能力要求，它们集中分布在平原以及灌溉水平较高的绿洲区，此类耕地基础地力较高，生产稳定性好。目前，高产农田基本上完成了高标准农田建设，基本不存在限制农业生产的障碍因素，但仍需持续实行耕地保育措施，强化耕地资源的保护利用，恢复和提升农田景观生态系统服务功能。一是大力推进耕地质量监测、测土配方施肥，推行有机质提升技术、保护性耕作技术、套作和轮作等多样化种植技术、肥水一体化技术、种养一体化技术等，提升耕地地力，确保可持续供给；二是构建以保护耕地为中心的山水林田村区域生态系统和土地利用格局，严控污染和生态系统服务功能受损，协同推进"山水林田湖草生命共同体"综合整治和管护；三是在耕地数量管控的同时，要同步推进耕地质量管理和生态管护，推进以高标准农田建设为中心的土地综合整治，开展以农田为中心的沟路林渠田农业景观重构和提质，恢复和提高农田景观生态系统服务功能（图5-3）。

图5-3　美国内华达州以农田为中心的景观重构和提质

（图片来源：Tim McCabe，USDA NRCS）

5.3.3　中低产田质量提升建设

中低产田是我国重要的耕地资源，具有很大的增产潜力，占耕地面积的70%左右。改良和提升中低产田的土壤地力是实施"藏粮于地、藏粮于技"战略的重要保障，对我国粮食产量和安全及农业可持续发展起到积极的推动作用。2008年11月，《国家粮食安全中长期规划纲要（2008—2020年）》发布，提出要加快中低产田改造，力争到2020年中低产田所占比重降低到50%左右。我国中低产田形成的主要障碍因素有耕层变浅、干旱缺水、瘠薄、坡耕地、盐碱、风沙、渍涝、酸化及污染严重等。科学认知土壤障碍形成过程及消减原理对中低产田改良具有重要的指导意义。在中低产田改良过程中，要遵循改良、使用和养护相结合的方式，依靠土壤地力定向培育理论构建土壤障碍消减和地力提升的核心技术体系。一是通过土壤改良与农业增产相结合的工程措施、耕作培肥等技术相配套的综合措施、加深耕作层、改善土壤结构、提高养分含量和保水保肥能力、促进生物功能等方式，提升土壤地力，全面提升耕地产能；二是积极实施旱改水、坡改梯工程，完善排灌沟渠网络，建设旱涝保收农田；三是推进农田防护与生态环境建设，完善农田防护林体系，稳步提高农田抗灾减灾能力；四是针对地下水超采区和主要依靠地下水灌溉的地区，大力推广水土涵养工程技术应用，积极探索土地整治和休耕制度，推进以农户为主体的地下水保护和水土涵养工程项目；五是对退化、污染、损毁农田进行修复，按照景观格局与生态过程、生态修复原理，加强源头控制、过程阻控、受体生态修复，因地制宜地开展物理、化学、生物修复工程技术，修复退化、污染、损毁的农田生态系统，加速、延缓、阻断、过滤和调控水土气生物及其污染物迁移等生态过程，提高农田生态系统的弹性。

5.3.4　后备耕地和撂荒农田管理

后备耕地资源开发主要是对未投入使用的土地进行开发及合理利用。规划后备耕地资源已成为增加耕地面积的一个重要途径，是实现耕地动态平衡的现实手段。"十三五"期间，通过土地整理每年新增23.33万hm²的耕地面积，五年共新增

116.67万hm²。这些新增的耕地在一定程度上补充了耕地面积的减少。后备耕地资源开发主要涉及开发类耕地和复垦类耕地。开发类耕地的后备资源主要包括荒草地、沼泽地、苇地、滩涂及其他未利用的土地；复垦类耕地的后备资源主要包括工矿废弃地、塌陷地及自然灾害损毁地。开垦前，应首先对土地进行评价，分析土地的适宜性、经济效益和对生态环境的影响，然后再确定是否适合开垦。重点考察评估土地是否具备平整、质地良好、养分丰富、灌排条件较好、生产力较高、生态良好等条件，并充分考虑其对生态环境的影响，不允许损害周围的土地环境。对补充耕地要进行更加严格的质量把关，确保能获得较高的经济效益和生态效益。

农田撂荒的生态效应存在明显的地区差别，因此对其评价也存在较大争议。耕地撂荒的效应研究结果会影响到区域生态保护政策和管护措施的制定，而撂荒效应的区域差异性要求在政策制定时要考虑各地撂荒的综合效应，制定合理的预防和治理措施，尽量减轻耕地撂荒带来的不利影响，并对有代表性的山区农耕文化或具有较高生态价值的山区农村进行保护，采取特殊农业补贴或支持旅游发展等措施以维持生态适宜、人地和谐的农耕文化和景观，促进山区农村的可持续发展。

5.3.5 恢复和提高农田的多功能性

当今，为了满足人口增加对生产和生活的需求，必须用更少的投入获得更多的农林产品，同时还必须恢复和提高生态系统服务功能，确保生态系统的健康和可持续性。中国科学院院士傅伯杰指出，"由于我国必须确保18亿亩耕地红线，再加上建设用地不断增加，生态用地提升空间不大，必须从生态用地数量管理转向生态系统服务功能管理。"农田景观镶嵌体提供了农业可持续发展必须的生态系统服务功能。因此，在耕地保护研究和实践上，一要大力开展损毁、退化和污染耕地的生态修复，确保耕地数量，提高耕地质量；二要恢复和提升农田景观生态系统的服务功能，开展耕地质量和生态环境监测与评价，加强耕地及其周围半自然生境对生态环境的影响和生态系统服务功能定量化研究，权衡并确定各项生态系统服务功能，针对不同区域和不同类型的耕地利用系统，通过研发和应用生态景观化工程技术恢复和协同农田生态系统多功能性；三要针对我国实施的"耕地占补平衡"甚少考虑耕地生态系统服务功能区位的可获得性，农田基础设施建设甚少考虑阻控氮磷流失、提升授粉和害虫控制需要的生态系统服务功能等问题，有计划地开展"耕地生态占补平衡"。在城镇化快速发展区，综合考虑市民对景观开阔性、水土气调节、农耕文化保护等生态系统服务功能的需求，合理确定耕地数量和空间布局，通过诸如农林业带状种植、河渠缓冲带建设、野花带和多样化农田林网建设等技术措施，推进生态补偿区建设；在平原农业集约化生产区，积极推进田埂整治增加的耕地与河溪、渠道两侧控制氮磷流失和生物多样性保护需要建设的缓冲带占用耕地的"生态用地占补平衡"；在山地丘陵河谷农业集约化区，推进阻控氮磷流失的河渠缓冲带建设需要占用耕地的"生态占补平衡"；在生态敏感和脆弱区，尽量保持现有农田空间布局，逐步形成"土地共享"式布局，降低农业集约化程度，大力推进有机、绿色农业，加强生态景观化工程技术应用及其生态补贴，恢复和提高农业景观生态系统服务功能。

5.3.6　强化农田生态景观的要素协同性和系统弹性

强化农田生态景观（综合体）方法的核心是强调空间异质性维护、生态过程调控、生态系统服务功能协同。弹性是系统承受一系列冲击或干扰后，通过恢复和再组织以保持其基本结构、功能、特征和反馈机制的能力，可应用于任何有自组织能力的系统。耕地的多功能性和协同性依赖于对空间异质性的维护和管理、生态过程的调控和协同。

因此在实践中，应注重在多个尺度上开展景观管理和修复（图5-4）。一是要加强农田内作物种植的异质性维护和管理。不仅要重视垂直方向上的"地下水—土壤—作物—大气"连续体生态过程调控，通过水土资源管理、养分综合管理、病虫害综合防治开发耕地生态潜力，缩小耕地产量差，还应加强农田内作物种植异质性维护和管理，通过保护性耕作、作物覆盖轮作、冬季覆盖、多层种植、带状耕作、间作套种、带状种植等技术措施提高水分、养分利用效率。二是要加强农田景观的异质性维护和管理。从田块尺度提升到农业景观尺度的"山水林田湖草生命共同体"，通过恢复和提升农田生态系统半自然生境质量、缓冲带、过滤带和湿地修复等生态景观化建设，重建农田生态系统的生物关系，恢复和提升景观的控制氮磷流失、净化水体、提高授粉功能、保护生物多样性等生态系统服务功能，促进由"疾病防治"到"健康管理"的绿色生产和生态管护方式的转变。

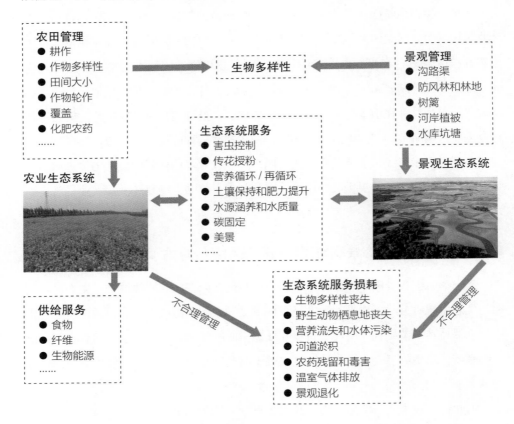

图5-4　从两个尺度上恢复和提高农业生态服务功能

（资料来源：Power 等，2010）

5.4 提高农田生态功能的建议

5.4.1　开展农田生态景观监测与评估

耕地生态管护应探索生态系统的变化方式、幅度及状态变量，把握其界限和阈值，以维持正常的系统弹性，并确定因这种变化而导致的生态系统服务功能退化情况及其对人类社会的影响，以适时作出相应的管护策略调整。此外，还应高度重视建立项目实施过程和实施后的系统反馈机制，及时对因土地利用改变和基础设施建设而导致的生态环境变化进行监测和分析，收集土地利用和土地整治项目实施后不同利益相关者的反应，以不断修正建设方案，改进日常生态管护策略和技术。因此，需要研究不同类型耕地及其生态环境监测与评价指标，构建包括耕地生产、生态、环境、景观和生态服务综合性的监测与评价指标，以此评估耕地质量及其生态环境变化趋势，优化和提升适应性管理策略与技术措施，构建耕地生态环境安全预警系统。

5.4.2　研发和整合农田绿色基础设施建设工程技术

工程技术不仅要提高其直接效用，还应考虑对生态环境和生态系统服务功能的间接影响，降低工程对生态环境的负面影响。按照对生态景观服务功能的影响程度，已有的工程技术可以大致分为非生态景观化工程技术和生态景观化工程技术。前者在进行河道与沟渠整治的过程中，通常采用过度硬化的方法，而后者往往保护自然驳岸，建设能够控制氮磷流失、保护生物多样性的缓冲带。图5-5展示了我国和国外乡村河流建设理念与方法的差异性，其中，图5-5（a）显示的是我国的乡村河流景观，缺乏生态系统服务功能；图5-5（b）显示的是爱荷华的story县，多排的乔木和灌木与原生草带结合形成了河岸缓冲区，以保护Bear Creek河溪，该缓冲区是国家指定的一个河岸缓冲带示范区（Lynn Betts，USDA NRCS）。

当前需要做的工作，一是要在原有的水利、土地整理、生态环境整治工程技术的基础上，增加生物生境修复、水源涵养、缓冲带建设、景观提升、乡村绿色基础设施建设、退化生态系统修复、植物景观营造和乡土景观建设等工程技术新内容，并构建体现不同区域特征的土地生态环境建设工程技术体系；二是要加大生态景观化工程技术研发，重视绿色基础设施修复，大力提升工程技术的生态景观服务功能；三是要加强研发日常生态管护技术和设备及其生态补贴，维系人工和基础设施的正常运转。

（a）我国　　　　　　　　　　　（b）国外

图5-5　国内外乡村河流建设理念与方法的差异性对比

5.4.3　开展绿色农田建设技术集成示范

　　研究农田面源污染阻控技术、耕地质量提升技术、生物多样性保护技术、生态系统服务功能提升技术集成和示范。通过国内外技术调研，研发包括野花种植、农田边界缓冲带建设、步甲堤、蜜源植物种植、冬季留茬、传粉昆虫栖息地、半自然生境修复、传统果园保护、作物多样性种植、生态修复、撂荒地管理、特定地域生物保护和生态化沟路渠等农田生态景观保护技术规程，在不同类型农区的典型农业景观开展绿色农田保护和建设技术集成示范。图5-6展示了一个镶嵌农业景观。该景观通过增加植物篱的连通性形成生态廊道网络，从而增加了生物多样性和一年中不同种植作物的种类与范围，还提高了农田的生态价值。多项研究表明，比起单一作物种植的耕地，有作物循环的耕地或者多种作物轮耕的农田分布有更多的地表甲虫、植物种类及其他生物个体。

图5-6　镶嵌农业景观

（图片来源：Jacques Baudry）

5.4.4　加强以农户为主体的农田生态管护制度建设

耕地保护不仅需要一次性土地整治投资和农业基础设施建设，更需要日常维护管理投资，加强生态管护。生态系统管护强调维护土地的环境，包括土壤、空气、水体和生物多样性等的质量和健康，发现并保护这些资源所隐含的生态系统服务功能和多重价值，并将其视为公众应履行的一种公共责任。耕地生态管护的重点是从行为主体的日常活动对耕地的影响入手，尽可能地落实到最直接的利益相关者身上。

因此，耕地生态环境管护首先要在推进耕地所有权和使用权制度改革的过程中，让农民拥有更多财产权，成为耕地的"主人"；其次要在落实政府投资和项目实施的过程中，有计划地推进以农户（土地使用者）为主体的项目实施制度，以减少外来者在不熟悉当地情况或是利益驱动下导致的有意和无意的失误，从而提升工程质量；再次要践行"山水林田湖草生命共同体"理念，逐步构建由多利益相关者（土地使用者、村集体、不同政府部门、科研单位、商业联盟和大学等）参与的项目实施制度，构建良好的伙伴关系。要秉承互相尊重、平等、信任的价值观，开展坦诚的交流、讨论和决策，参与项目实施的整个过程。一个自上而下、没有角色冗余、没有相互监督和反馈的管理结构可能在短期内具备高效率，但从长期来看并非高效率，相反还会严重降低建设和管护的功效。

5.4.5　研究制定农田生态系统服务功能生态补偿制度

综合生态景观管理要求修改市场和公共政策，以实现多样化的耕地保护目标，也需要通过相应机构支持的协同效应来解决矛盾冲突。除了保持当地机构和个人的土地使用权并控制资源利用，还要制定激励政策，使利益相关者投入更多的时间和经费，持续不断地开展土地日常生态管护，特别是几年后才能获得益处的生态系统服务功能更需要持续支持。我国存在的问题是以"支持项目（式）"的方式重视提升耕地质量的建设，但对耕地后期的管护重视不够，而由各类公司实施的农业基础设施建设也缺乏对后期管护的安排。耕地的生态管护除投资建设外，更强调从行为主体的日常活动着手，把管护的任务尽可能落实到最直接的利益相关者身上。我国的生态补偿政策主要针对天然林保护、退耕还林还草还湿、自然保护区和流域水资源保护，基本上通过资金补贴和转移支付对原有土地用途进行生态保护和生态修复，对村和农户实施直接补偿的项目建设不多，更缺乏对每项工程技术实施的补偿标准。因此，需要借鉴欧美等国家以农户为主体的农场生态环境管护制度，制定每项工程技术的实施标准、资金补贴额度，加强以农户为主体的耕地生态管护制度建设，研发日常维护技术规程，让"家庭主妇"积极参与"家园"的装修和管护，管护好我们的"家园"。在我国现有农业补贴政策的基础上，借鉴欧盟国家的农业补贴政策，针对当前我国农业生态环境保护的需要和农业生产发展面临的挑战，研究制定适合我国国情的农田景观生物多样性保护和生态系统服务提升的生态补偿策略，促进生产和生态的协同发展。

5.5 本章结语

2020年政府工作报告提出，"14亿中国人的饭碗，我们有能力也务必牢牢端在自己手中。"耕地保护是生态文明建设中不可或缺的一部分，牢牢端住中国人的饭碗，根本在于保障农田资源安全。我国不仅要实现农田资源数量稳定、质量更优，还要维护好农田生态系统和周边环境健康，确保稳定、健康且可持续的农田产出。农田保护不仅仅是守住耕地数量底线、稳定农田空间格局，更需要大幅恢复和提升生物多样性保护、传粉和水质净化等农田生态系统的服务功能。生态系统观尚未真正落实到农田建设实践当中，在高标准农田建设中应树立生命共同体理念，大力推进绿色农田建设。坚持基于自然的解决方案，在一片区域实施多行业、多措施并举的整体推进策略，将水土流失控制、面源污染控制、退化农田治理、耕地质量提升、生物多样性保护、河溪和坑塘的生态修复、废弃物管控和农田生态景观管护等纳入建设和管护目标。

参 考 文 献

[1] Dramstad W E, Fry G, Fjellstad W J, et al. Integrating landscape-based values-Norwegian monitoring of agricultural landscapes [J] . Landscape and Urban planning, 2001（57）: 257-268.

[2] FAO.Biodiversity for Food and Agriculture : Contributing to food security and sustainability in a changing world [R] .Rome : FAO, 2011.

[3] FU Bojie.Ecosystem services and ecosystem management [J] .China Awards for Science and Technology, 2013, 7（7）: 6-8.

［ 4 ］Herzog F，Balazs K，Dennis P，et al. Biodiversity indicators for European farming systems：A Guidebook［R］.Zurich：ART Publication Series，2012.

［ 5 ］Liu Y H，Duan M C，Yu Z R. Agricultural landscapes and biodiversity in China［J］. Agriculture Ecosystems & Environment，2013，166：46-54.

［ 6 ］Natural England. Make the most of Environmental Stewardship in the uplands［R］. 2010.

［ 7 ］Natural England. Look after your land with Environmental Stewardship［M］. UK： Natural England，2009.

［ 8 ］Scherr S J，McNeely J A. Biodiversity conservation and agricultural sustainability towards a new paradigm of "ecoagriculture" landscape［J］. Phil. Trans. R. Soc. B, 2008，363：477-494.

［ 9 ］Scherr S J，L E Buck，J C Milder，et al Ecoagriculture：Integrated landscape management for people，food and nature. In：van Alfen，Neal（ed）. Encyclopedia of Agricultureand Food Security［M］. New York：Elsevier，2013.

［10］Tscharntke T，Klein A M，Kruess A，et al. Landscape perspectives on agricultural intensification and biodiversity-ecosystem service management［J］. Ecology Letter, 2005（8）：857-874.

［11］Zhang Q，Xiao H，Duan M C，et al. Farmers' attitudes towards the introduction of agri-environmental measures in agricultural infrastructure projects in China：Evidence from Beijing and Changsha［J］. Land Use Policy，2015（49）：92-103.

［12］陈欣怡，郑国全.国内外耕地撂荒研究进展［J］.中国人口·资源与环境，2018，28（S2）： 37-41.

［13］戴漂漂，张旭珠，刘云慧.传粉动物多样性的保护与农业景观传粉服务的提升［J］.生物 多样性，2015（3）：408-418.

［14］傅伯杰.生态系统服务与生态系统管理［J］.中国科技奖励，2013，7（7）：6-8.

［15］贾文涛，宇振荣.生态型土地整治指南［M］.北京：经济出版社，2019.

［16］李良涛，王浩源，宇振荣.农田边界植物多样性与生态服务功能研究进展.中国农学通报， 2018，34（19）：26-32.

［17］李升发，李秀彬.耕地撂荒研究进展与展望［J］.地理学报，2016，71（3）：370-389.

［18］李秀军，田春杰，徐尚起，等.我国农田生态环境质量现状及发展对策［J］.土壤与作物， 2018，7（3）：267-275.

［19］刘威尔，宇振荣.山水林田湖生命共同体生态保护和修复［J］.国土资源情报，2016（10）： 37-39.

［20］刘云慧，常虹，宇振荣.农业景观生物多样性保护一般原则探讨［J］.生态与农村环境学报， 2010，26（6）：622-627.

［21］刘云慧，李良涛，宇振荣．农业生物多样性保护的景观规划途径［J］．应用生态学报，2008，19（11）：2538-2543．

［22］刘云慧，张鑫，张旭珠，等．生态农业景观与生物多样性保护及生态服务维持［J］．中国生态农业学报，2012（7）：819-824．

［23］骆世明．生态农业的景观规划、循环设计及生物关系重建［J］．中国生态农业学报，2008，16（4）：805-809．

［24］沈仁芳，王超，孙波"藏粮于地、藏粮于技"战略实施中的土壤科学与技术问题［J］．中国科学院院刊，2018，33（2）：135-144．

［25］徐明岗，卢昌艾，张文菊．我国耕地质量状况与提升对策［J］．中国农业资源与区划，2016，37（7）：8-14．

［26］宇振荣，李波．乡村生态景观建设理论和技术［M］．北京：中国环境出版社，2017．

［27］宇振荣，张茜，肖禾，等．我国农业/农村生态景观管护对策探讨［J］．中国生态农业学报，2012（7）：813-818．

［28］郧文聚，宇振荣．中国农村土地整治生态景观建设策略［J］．农业工程学报，2011，27（4）：1-6．

［29］郧文聚．我国耕地资源开发利用的问题与整治对策［J］．中国科学院院刊，2015，30（4）：484-491．

［30］曾希柏，张佳宝，魏朝富，等．中国低产田状况及改良策略［J］．土壤学报，2012，49（6）：1210-1217．

［31］张蚌蚌，孔祥斌，郧文聚，等．我国耕地质量与监控研究综述［J］．中国农业大学学报，2015，20（2）：216-222．

［32］张茜，李朋瑶，宇振荣．基于景观特征评价的乡村生态系统服务提升规划和设计——以长沙市乔口镇为例［J］．中国园林，2015，31（12）：26-31．

［33］张鑫，李朋瑶，宇振荣．乡村环境保护和管理的景观途径［J］．农业资源与环境学报，2015（2）：132-138．

［34］张鑫，王艳辉，刘云慧，等．害虫生物防治的景观调节途径：原理与方法［J］．生态与农村环境学报，2015（5）：617-624．

［35］张学珍，赵彩杉，董金玮，等.1992—2017年基于荟萃分析的中国耕地撂荒时空特征［J］．地理学报，2019，74（3）：411-420．

第6章

荒漠化防治与
荒漠生态系统保护

————————

6.1 引言

荒漠化是全球共同面临的重大环境与社会问题。荒漠化不仅使生态环境恶化，降低了自然资源的质量与利用效率，而且加剧了贫困程度，甚至使一些地区因荒漠化而丧失生存条件，严重威胁着人类社会的生态安全与经济社会的可持续发展，荒漠化已成为全面建成小康社会、建设生态文明的重要障碍。我国是世界上受荒漠化危害最为严重的国家之一，近十多年来，我国进一步加大荒漠化土地治理和生态修复力度，制定完善的生态补偿制度，强化荒漠生态系统保护措施，划定生态保护红线，启动沙化土地封禁保护区补助试点，积极引导沙区产业发展，取得了举世瞩目的建设成效。但是，荒漠化仍然是我国最为严重的生态问题之一，我国荒漠化面积大、类型多、危害重的总体形势依然没有得到根本性改变。

党的十八大将生态文明建设纳入中国特色社会主义事业"五位一体"总体布局，把生态建设提到前所未有的高度。近年来，荒漠化防治日益受到国际社会的高度重视，我国政府也对生态文明建设提出了更高要求，荒漠化防治已成为生态文明建设的重要内容。人为原因导致的荒漠化土地需要采取人为措施加以恢复治理，陆地生态系统中还存在一些"天生"的荒漠，它属于荒漠生态系统，是重要的生态资产。生态文明进入新时代，科学认知荒漠，确保荒漠生态系统的健康、可持续，把荒漠变资源，让荒漠生态系统更好地服务人类，是当前人类面临的重要课题。本章将从四个方面综合分析我国的荒漠化现状、危害和存在的问题，探索在生态文明建设理念的指导下，荒漠化防治和荒漠生态系统保护的政策措施，以为生态文明建设提供有益借鉴。

6.2 荒漠与荒漠化

6.2.1 荒漠

荒漠是指气候干燥、降水稀少、蒸发强烈、风力作用强劲、植被贫乏的地区，是地球表面一类重要的地理景观，该区的蒸发量通常为降水量的数倍甚至数十倍。

地球上的荒漠主要分布在南北纬15°～50°的地带，其中，15°～35°为副热带高气压带，是由高气压带下沉气流形成的干旱荒漠带；北纬35°～50°为温带、暖温带，主要是大陆内部的干旱荒漠区。

1. 荒漠的主要类型

荒漠是地理学的概念。其分类方法很多，根据地貌和地表物质组分，全世界的荒漠通常划分为沙漠、砾漠（又称戈壁）、岩漠、泥漠和盐漠等；按照生物气候类型，主要划分为热区荒漠、冷区荒漠和雾漠三种类型。热区荒漠主要分布于副热带低纬度地区，其特点是气温很少降到零度以下。冷区荒漠主要分布于中纬度地区，极端温度经常出现，夏季高温，冬季温度常低于零度。雾漠分布于热带或副热带且仅限于大陆西海岸的区域，如位于南美洲西海岸中部智利境内的阿塔卡马沙漠（Atacama Desert），在副热带高气压带下沉气流、离岸风和秘鲁寒流的综合影响下，该地区成为世界上最干燥的地区之一，平均年降水量小于0.1 mm，被称为世界的"干极"。沙漠中也有部分灌木植物分布，这些植物依靠雾中的水分生存，高耸的山脉和陡峭的海岸将雾困住，在山坡上形成水汽集中区，其中的水分可以被植物利用。北半球由于拥有更为广大的陆地，既有热区荒漠，也有冷区荒漠，并且面积广大，环境更为极端。南半球由于陆地面积较少，荒漠面积相对较小。同样的原因，亚非大陆较北美大陆拥有更大且更干旱的荒漠。

2. 我国的主要荒漠及其空间分布特征

我国的荒漠主要分布于东经75°～106°、北纬35°～50°的内陆盆地和高原，西起塔里木盆地西端，东到贺兰山。按气候分区来说，我国的荒漠整体属于冷区荒漠类型。我国的荒漠面积最大、分布最广的是沙漠和戈壁，其他类型只有零散分布。在行政区划上，我国的荒漠主要分布于新疆、青海、甘肃、内蒙古和宁夏等省（区）。

从分布的地理位置来看，我国的荒漠深居内陆，主要分布在乌鞘岭和贺兰山以西，沙漠和戈壁分布比较集中，乌鞘岭和贺兰山以东只有零散分布。从气候条件来看，干旱少雨、风大而频繁。四季风力多在5～6级，其中贺兰山以西的广大沙漠和戈壁地区的降水量低于200 mm，很多地区低于100 mm，塔克拉玛干沙漠中东部和库姆塔格沙漠的年降水量在25 mm以下。从地貌特征来看，荒漠多分布于内陆盆地，如塔里木盆地的塔克拉玛干沙漠、准噶尔盆地的古尔班通古特沙漠等。我国有八大沙漠——塔克拉玛干沙漠、古尔班通古特沙漠、库姆塔格沙漠、柴达木盆地沙漠、巴丹吉林沙漠、腾格里沙漠、乌兰布和沙漠和库布齐沙漠，还有大面积的戈壁。

6.2.2 荒漠化

荒漠化是指由包括气候变化和人类活动在内的种种因素造成的干旱、半干旱和亚湿润干旱区的土地退化。土地是指具有陆地生物生产力的系统，由土壤、植被、其他生物区系和在该系统中发挥作用的生态及水文过程组成。土地退化是指由于使用土地或一种营力乃至数种营力结合，使干旱、半干旱和亚湿润干旱区雨浇地、水浇地或草原、牧场、森林和林地的生物或经济生产力、多样性下降或丧失，如风蚀和水蚀导致的土壤物质流失，土壤的物理、化学和生物特性或经济特性退化，自然植被的长期丧失。我国主要有四种导致荒漠化的基本过程，即风蚀、水蚀、盐渍化和冻融侵蚀。因此，我国的荒漠化主要包括四种类型，即沙质荒漠化、水土流失、土壤盐渍化和冻融荒漠化。

沙质荒漠化又称风蚀荒漠化。与之相近的另一个概念叫作沙化，泛指由于风沙活动造成的土地退化，包括流动沙丘前移入侵、土地风蚀沙化、固定沙丘活化与古沙翻新等一系列风沙活动。它不仅发生于荒漠化地区（干旱、半干旱和亚湿润干旱区），也发生于半湿润和湿润地区，包含沙质荒漠化，但比沙质荒漠化范围更广。我国荒漠化气候类型分布如图6-1所示。

1. 荒漠化的现状

我国第五次荒漠化和沙化监测结果显示，截至2014年，全国荒漠化土地总面积为261.16万km^2，占国土总面积的27.20%，分布于北京、天津、河北、山西、内蒙古、辽宁、吉林、山东、河南、海南、四川、云南、西藏、陕西、甘肃、青海、宁夏和新疆18个省（区、市）的528个县（旗、市、区）。

各地荒漠化现状：我国的荒漠化主要分布在新疆、内蒙古、西藏、甘肃和青海5个省（区），面积分别为107.06万km^2、60.92万km^2、43.26万km^2、19.50万km^2

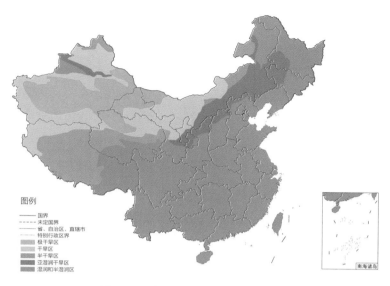

图6-1　中国荒漠化气候类型分布

（图片来源：吴波等，2007）

和19.04万km²，这5个省（区）的荒漠化土地面积占全国荒漠化土地总面积的95.64%，其他13个省（区、市）占4.36%。

各气候类型区荒漠化现状：干旱区荒漠化土地面积为117.16万km²，占全国荒漠化土地总面积的44.86%；半干旱区荒漠化土地面积为93.59万km²，占全国荒漠化土地总面积的35.84%；亚湿润干旱区荒漠化土地面积为50.41万km²，占全国荒漠化土地总面积的19.30%。

荒漠化类型现状：沙质荒漠化土地面积为182.63万km²，占全国荒漠化土地总面积的69.93%；水土流失土地面积为25.01万km²，占全国荒漠化土地总面积的9.58%；土壤盐渍化土地面积为17.19万km²，占全国荒漠化土地总面积的6.58%；冻融荒漠化土地面积为36.33万km²，占全国荒漠化土地总面积的13.91%。

荒漠化程度现状：轻度荒漠化土地面积为74.93万km²，占全国荒漠化土地总面积的28.69%；中度荒漠化土地面积为92.55万km²，占全国荒漠化土地总面积的35.44%；重度荒漠化土地面积为40.21万km²，占全国荒漠化土地总面积的

15.40％；极重度荒漠化土地面积为53.47万km²，占全国荒漠化土地总面积的20.47％。

2. 荒漠化的主要危害

荒漠化是当前我国最为严重的生态问题，也是建设生态文明、实现美丽中国的重点和难点之一。荒漠化不仅使生态环境恶化，而且破坏了农牧业生产条件，加剧了沙区贫困，给国民经济和社会可持续发展造成了极大危害。

一是荒漠化破坏和缩小了人类生存空间。荒漠化地区的林草植被减少、地下水水位下降、湖泊干涸、许多物种濒危或趋于消亡，我国每年输入黄河的16亿t泥沙中约有12亿t来自荒漠化地区。荒漠化一方面造成生态环境恶化和自然灾害，直接破坏了人类的生存空间，使可利用土地资源锐减、土地质量下降，导致贫困，全国将近4亿人直接或间接受到荒漠化问题的困扰，一些荒漠化严重地区甚至出现背井离乡的"生态难民"；另一方面还对交通运输、水利设施和工矿企业建设造成了严重危害和巨大的经济损失，全国每年因荒漠化造成的直接经济损失高达640多亿元人民币，每年约有4万个村庄、1 400 km的铁路、3万km的公路、5万多km的灌渠遭受沙埋，甚至危及人身安全，造成重大事故。

二是荒漠化威胁粮食安全，制约社会经济发展。荒漠化造成可利用土地资源减少，土地质量下降，农牧业生产环境恶化，严重制约了我国农业的可持续发展。我国荒漠化地区分布着关中平原、河套平原、河西走廊等重要农业区和商品粮生产基地，但全国土地利用变更调查结果显示，2005—2009年，7个主要荒漠化省（区）的耕地面积从2 467.13万hm²下降到2 199.23万hm²，约有267.9万hm²的耕地因非耕地占用和土地沙化而消失，耕地面积下降10.86％，但人口持续增长，使人地矛盾更加突出。同时，由于耕地质量低、水资源不足和农牧业基础设施薄弱，有些荒漠化地区的粮食亩产仅几十千克，且要多次播种耕作，粮食持续增产的困难越来越大。

三是荒漠化加深贫困程度，影响社会安定。我国的荒漠化地区多数为经济欠发达地区、少数民族聚居地区和边疆地区。荒漠化地区分布有31个少数民族和全国约1/3的少数民族人口，约有8 000 km长的国境线位于荒漠化地区，并与10个国家接壤。据调查，我国60％以上的贫困县、一半以上的贫困人口生活在荒漠化地区。恶劣的生态环境与当地群众的贫困互为因果、相互作用，使荒漠化地区与发达地区的经济差距越来越大，很有可能转化为社会矛盾，进而影响民族团结和社会安定。

6.3 荒漠生态系统

从地理学对荒漠的定义来看，荒漠主要分布在干旱区，但是近年来部分学者把主要分布于半干旱区的沙地也纳入荒漠生态系统的范畴。荒漠生态系统是干旱、半干旱区的代表性生态系统类型，指由旱生、超旱生的小乔木、灌木、半灌木和小半灌木及与其相适应的动物和微生物等构成的群落，与其生境共同形成的物质循环和能量流动的动态系统。通常情况下，在我国可将荒漠生态系统大致分为沙漠、沙地和戈壁3种类型。荒漠生态系统是陆地生态系统的重要子系统，荒漠环境的独特性形成了与其自然环境相适应、极其敏感而脆弱的生态系统。据初步估算，我国荒漠生态系统（包括沙漠、沙地、戈壁）面积约为165万km²，占荒漠化发生区域的36.5％，占全国国土总面积的17.18％，涵盖八大沙漠、四大沙地与广袤戈壁，主要分布在新疆、内蒙古、甘肃和西藏等12个省（区）。荒漠生态系统的典型特点是降水稀少、气候干燥、风大沙多、温差大、植被稀疏，这些特点决定了其具有不同于森林、湿地等生态系统的独特结构和功能。

6.3.1 荒漠生态系统服务

荒漠生态系统服务是指人们从荒漠生态系统获得的各种惠益。荒漠生态系统是陆地生态系统的重要组成部分，在防风固沙、水文调控、土壤保育及生物多样性保育等方面提供着重要的生态服务，同时在固碳和生物地球化学循环方面也发挥着不可替代的作用。这些生态服务不仅为生活在荒漠地区的人们提供着基本的赖以生存和发展的物质基础，也为实现社会稳定、经济发展和区域乃至全球的生态安全提供了重要保障。

防风固沙是荒漠生态系统提供的最为重要的服务。荒漠植被看似稀疏，却能够显著地降低风沙流动，从而减少生产与生活方面的风沙损害。水文调控是指通过荒漠植被和土壤等影响水分分配、消耗和水平衡等的水文过程，主要体现在淡水提供、水源涵养和气候调节三个方面。水汽在荒漠生态系统的地表、土壤空隙、植物枝叶和动物体表上遇冷凝结成水，是荒漠地区浅层淡水的主要来源。荒漠生态系统的面积巨大、土壤渗透性好，能把大气降水和地表径流加工成洁净的水源，汇聚成储量丰富的地下水库。荒漠与海洋存在巨大的气压差，从而形成季风，将水分从海洋运送到陆地，成就了我国中东部的湿润气候。

荒漠生态系统的土壤保育主要表现在两个方面：沙尘搬运后形成有利于生物生存和发展的土壤，即土壤形成；荒漠植被在固定土壤的同时，保留了土壤中的氮、磷和有机质等营养物质，减少了土壤养分的损失。以沙尘暴为例，沙尘暴是受气候驱动的一种自然现象，在人类出现之前就已经存在了上百万年，只因它妨碍了当代人们的日常生产生活才被定义为气象灾害。其实，沙尘天气可以把表层土壤从一个地方搬运到另一个地方，当沙尘落到新的陆地上，经过发育就形成了可以满足植物生长的土壤。黄土高原就是260万年来由北半球的西风搬运到我国西北部和中亚内陆荒漠的沙尘堆积而成的。这样看来，沙尘也是为孕育华夏文明出过力的。即便是年年春天袭扰北京的沙尘，也能给该地区带来大量天然的肥料，丰富了土壤中植物生长所需的氮、磷、钾、钙、镁和硼等营养元素。

荒漠生态系统蕴藏着大量珍稀、特有物种和珍贵的野生动植物基因资源，为许多珍稀物种提供了生存与繁衍的场所，从而起到生物多样性保育的作用。我国荒漠的物种丰富度虽然比不上森林和湿地，却是我国抗逆性植物集中分布的资源库，保存了大量孑遗物种，是许多第三纪古老植物的避难所，还进化、演化出一大批珍贵、特有和稀有物种。荒漠野生植物一般都具有抗旱、抗寒、耐热、耐盐及光合效率高、水分利用效率高且能够合成特殊次生代谢化合物等功能特性，是千百万年来与严酷生境博弈的产物，多数物种都具有开发利用价值。例如，国家一级保护植物沙芦草属于中国特有种，是优质的牧草植物和作物的野生近缘种；阿拉善苜蓿是重要的优质牧草植物，为贺兰山山麓特有种，分布区极小、种群数量少，野外已很难见到，已处于濒临灭绝的状态。荒漠生态系统也是许多珍稀野生动物的自由王国。

我国荒漠动物和世界其他荒漠地区的动物有许多相似之处：啮齿类和爬行类丰富，两栖类很少，但有蹄类丰富且独特，如野马、野驴、野骆驼、新疆马鹿、高鼻羚羊、鹅喉羚和岩羊等，其中许多是现代家畜的祖先。

荒漠生态系统的功能远不止于此。从荒漠里吹出的沙尘漂洋过海，还会为海洋生物提供营养物质（图6-2）。地球上50％以上的光合作用是由海洋的浮游植物进行的。全球海洋面积中约有20％是高营养盐低叶绿素海区。在这些海区中，铁元素是海洋浮游植物进行光合作用的重要原料。含有大量铁元素的沙尘沉降入海，可以促进海洋的初级生产，提高其初级生产力，这就是沙尘的"铁肥效应"。浮游植物的增加可以为其他海洋生物提供更多的食物来源，同时也降低了大气中的二氧化碳浓度，进而减轻温室效应。广袤荒漠上的植物通过光合作用固碳，并通过再分配形成可观的植被碳库、土壤碳库和动物碳库。我国荒漠生态系统地域宽广，形成了沙漠胡杨林、鸣沙山、月亮湖、魔鬼城和海市蜃楼等独特的自然景观，孕育了多彩的文化，存留了敦煌莫高窟、楼兰遗址和高昌古城等人文历史景观，吸引人们观光旅游、休闲度假、科学考察和探险等。荒漠生态旅游也带来了就业增加和经济效益，这些生态服务都直接或间接地增加了人们的福祉。

图6-2　沙尘气溶胶的全球生物地球化学循环

6.3.2 荒漠生态系统服务价值核算

荒漠是自然的恩赐，生态无"价"，但服务有"值"。这些"价值"该如何计算？对荒漠生态系统服务定性相对容易，但对其服务价值的定量核算却一直存在诸多难题，致使荒漠生态系统持续处于过度开发利用的状态，并开始由结构性破坏向功能性紊乱的方向发展。在当前人口数量持续增加、食物需求不断增长与极端气候事件频发的复杂背景下，开展荒漠生态系统功能评估与服务价值核算具有重要意义，既有助于增进人们对荒漠生态系统与人类福祉之间关系的认知，也有助于定量评价荒漠生态系统的提质增效成果，从而为荒漠生态系统服务的使用者和管理者进行决策提供科学依据，以全面提升荒漠生态系统管理水平，实现干旱荒漠区的可持续发展。

国内外学者在不同尺度上评估了森林、湿地和草地等陆地生态系统的服务价值。但是，从全国区域或全球尺度上评估荒漠生态系统的功能与服务的研究非常少。中国林业科学研究院荒漠化研究所及其合作者近年来的相关研究填补了荒漠生态系统服务研究的空白，初步构建了荒漠生态系统功能与服务评估体系（图6-3），利用第四次全国荒漠化和沙化监测数据（2005—2009年）及荒漠生态站长期连续观测数据，核算了2009年全国荒漠生态系统功能实物量与服务价值量。

评估结果表明，2009年我国荒漠地区植被的固沙量为378.35亿 t；荒漠植被的农田防护作用使该地区种植的农作物产量增加了262.44万 t；荒漠植被的牧场防护作用使该地区牲畜肉产量增加了相当于411.17万只羊的出肉量；荒漠地区的沙尘经风力搬运后形成的土壤为151.98亿 m³；沙漠和沙地产生的凝结水为70.14亿 m³，提供的淡水为190.34亿 m³；植被固碳量为6.11亿 t，土壤固碳量为0.42亿 t，沙尘落入海洋的固碳量为37.95亿 t；植被生物碳总量为10.13亿 t，土壤有机碳总量为332.77亿 t，荒漠生态系统碳总量为342.90亿 t；我国荒漠地区沙尘向海洋输送的铁元素量为4.83万 t，增加海产品产量为1.62亿 t。同时，荒漠生态系统也为12 419种动物、2 280种植物提供了生存和繁衍场所，其中包括受威胁物种1 807种、极危物种244种、濒危物种774种、易危物种498种和近危物种291种。荒漠特殊

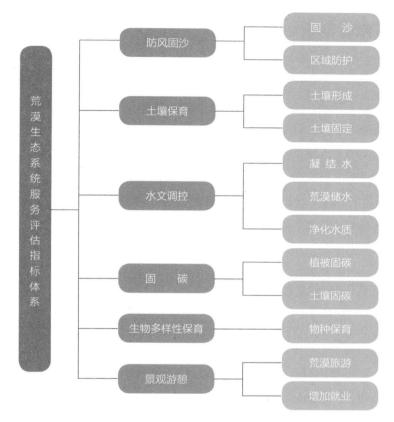

图6-3　荒漠生态系统服务评估指标体系

（图片来源：卢琦等，2016）

的景观资源和文化遗址每年吸引的旅游人数约为1 711.43万人，为7.36万人提供了就业机会。

以此实物量为基础，可以估算出我国荒漠生态系统2009年提供的生态服务价值约为3.08万亿元，约占当年全国GDP的9％。其中，荒漠植被的防风固沙价值为12 291.95亿元，占总价值的39.86％；土壤保育价值为5 570.77亿元，占总价值的18.06％；水资源调控价值为7 445.33亿元，占总价值的24.14％；固碳价值为5 338.49亿元，占总价值的17.31％；生物多样性保育价值为134.81亿元，占总价值的0.44％；景观游憩价值为59.08亿元，占总价值的0.19％。

6.4 荒漠化防治

　　荒漠化地区是生态脆弱区、生态灾害产灾区和受灾区，同时也是我国重要的国防、边防、航天和生产（兵团）基地。荒漠化地区的矿产、光能和风能等资源丰富，拥有铁路、公路上万千米，厂矿企业超过千家，还分布着许多现代化城镇，是国家重要的战略资源储备区。荒漠化地区在西部生态建设中的地位举足轻重，西部80%的土地就在大漠戈壁，未来新增的宜林地也主要分布在西部，荒漠化地区是国土安全和林业"双增"主战场。丝绸之路经济带上的甘肃、新疆、内蒙古和陕西等省（区）都是我国荒漠化的主要分布区。因此，荒漠化防治对生态文明建设、保障国家安全、西部大开发和丝绸之路经济带发展等具有重大意义。

6.4.1　荒漠化防治成效

　　我国将防治荒漠化作为一项重要的战略任务，采取了一系列行之有效的举措加以推进，成功遏制了荒漠化扩展的态势。2018年7月12日，《自然》杂志发表长篇综述论文，明确指出"近40年来，中国启动了包括'三北'防护林体系建设、京津风沙源治理、天然林保护和退耕还林还草等 16 项投资巨大、影响深远的生态修复工程；截至2015年，这16项工程调动了5亿劳动力，在约 620万km² 的土地上共投资了3 700多亿美元；这一努力在全球范围内都是史无前例的，而且取得了巨大成效。2000—2017年，中国通过一系列生态修复工程来进行绿地恢复，大地实现了'由黄变绿'，贡献了全球25%的绿色增加量；对标联合国2030年可持续发展目标（SDGs）的17项指标，每一项都表现出趋好势头，特别是在SDG 15.3（土地退化修复）方面，提升最为显著"。第五次全国荒漠化和沙化监测结果显示，截至2014年，我国荒漠化和沙化状况较2009年有明显好转，呈整体遏制、持续缩减、功能增强、成效明显的良好态势。

　　一是荒漠化和沙化面积持续减少。第五次全国荒漠化和沙化监测结果显示，与2009年相比，全国荒漠化和沙化土地面积分别减少了12 120 km²和9 902 km²，这是自2004年（第三次监测）出现缩减以来，连续第三个监测期出现"双缩减"。第五次监测的沙化土地年均减少1 980 km²，与第四次监测年均减少1 717 km²相比，减少速度有所加快。截至2014年，实际有效治理的沙化土地为20.37万km²，占53万km²可治理沙化土地面积的38.4%，实现了由"沙进人退"到"绿进沙退"的转变。

二是荒漠化和沙化程度"双减轻"，极重度减少明显。监测结果显示，与2009年相比，荒漠化和沙化程度呈逐步减轻的趋势。从荒漠化土地来看，极重度、重度和中度荒漠化土地分别减少了2.83万km²、2.44万km²和4.29万km²，轻度增加了8.36万km²；从沙化土地来看，极重度沙化土地减少了7.48万km²，轻度增加了4.19万km²。极重度荒漠化和沙化土地分别减少了5.03%和7.90%。

三是沙区植被状况和生态状况"双提高"。2014年沙区的植被平均盖度为18.33%，与2009年的17.63%相比，上升了0.7个百分点；京津风沙源治理工程区植被平均盖度增加了7.7个百分点；我国东部沙区（呼伦贝尔沙地、浑善达克沙地、科尔沁沙地、毛乌素沙地和库布齐沙漠）植被盖度增加了8.3个百分点，固碳能力提高了8.5%。与2009年相比，2014年我国东部沙区土壤风蚀量呈波动减小的趋势，土壤风蚀量下降了33%，地表释尘量下降了约37%，其中植被对输沙量控制的贡献率为18%～20%。沙尘天气明显减少，5年间全国平均每年出现沙尘天气9.4次，较上一监测期减少2.4次，减少了20.3%，北京地区减少了63.0%，风沙危害明显减轻。

四是沙区特色产业逐步形成，群众收入明显增加。各地结合防沙治沙建成了一批特色产业基地，沙区已营造经济林果540万km²，年产干鲜果品5 360万t，占全国年产量的33.9%。特色林果业带动沙区种植、加工和贮运产业的蓬勃发展，成为沙区经济发展的重要支柱和农民群众脱贫致富的拳头产业。其中，新疆特色林果年产值达450多亿元，全区农民人均林果收入达1 400元；内蒙古林业总产值达到245亿元，人均增收460元。

6.4.2 荒漠化防治面临的形势与问题

1. 荒漠化防治面临的形势

我国荒漠化防治虽然取得了一定成效，但荒漠化和沙化状况依然严重，防治形势依然严峻。

一是荒漠化土地面积大、分布广，治理任务艰巨。全国荒漠化土地为261.16万km²，沙化土地为172.12万km²。自2000年以来，荒漠化土地仅缩减了2.34%，沙化土地仅缩减了1.43%，恢复速度缓慢。几十年来，按照"先易后难、先急后缓"的治理原则，一些条件相对较好、治理相对容易的沙化土地已经得到治理或初步治理。随着防沙治沙的推进，需要治理的沙化土地的立地条件越来越差、难度越来越大、单位面积所需投资越来越高。

二是沙区生态脆弱，保护与成果巩固任务繁重。我国沙区自然条件差，自我调节和恢复能力差。现存具有明显沙化趋势的土地为30.03万km²，如果保护利用不当，极易成为新的沙化土地；在已有效治理的沙化土地中，初步治理的面积占55%，沙区生态修复仍处于初级阶段，后续成果巩固与恢复任务繁重。

三是导致荒漠化的人为因素依然存在。在经济利益的驱动下，各种破坏沙区植被的现象还没有得到完全制止，滥樵采、滥开垦、滥放牧、滥采挖和滥用水资源等问题仍没有得到根本解决。一些地方对荒漠化防治工作的认识不到位、措施不力、执法不严，边治理边破坏的现象依然存在。沙区开垦问题突出，5年来沙区耕地面积增加114.42万hm²，增加了3.60%；沙化耕地面积增加39.05万hm²，增加了8.76%。超载放牧现象突出，2014年牧区县平均牲畜超载率达20.6%。同时，还发生了向沙漠排污的事件。

四是农业用水和生态用水矛盾凸显。农业用水挤占生态用水的问题突出，塔里木河流域农业用水占比高达97%；区域地下水位下降明显，科尔沁沙地农区地下水10年间下降了2.07 m；内陆湖泊面积急剧萎缩，近30年来内蒙古湖泊的个数和面积都减少了30%左右。缺水对沙区植被保护和建设形成巨大威胁，水资源保障面临严峻挑战。

2. 荒漠化防治存在的主要问题

一是生态治理工程系统性亟待提高。我国荒漠化地区横跨不同生物气候区，类型多样、成因多样，不同生物气候区、不同荒漠化类型、不同成因的荒漠化土地需要采取不同的治理技术与模式。但是，荒漠化防治理论研究与工程实践存在一定程度的脱节现象，关键技术和措施的系统性和长效性不足，对于山水林田湖草沙作为生命共同体的内在机理和规律认识不够，落实整体保护、系统修复、综合治理的理念和要求还有很大差距。部分生态工程建设目标、建设内容和治理措施相对单一，许多地区仍然存在忽视水资源、土壤、光热、乡土植物物种等自然禀赋的现象，区域生态系统服务功能整体提升的成效不明显。

二是科技支撑能力不足。荒漠化防治科技服务平台和服务体系不健全，沙区特色产业仍处于培育阶段。支撑荒漠化防治的调查、监测、评价和预警等能力不足，部门间信息共享机制尚未建立。我国政府将荒漠化防治列入科学技术发展规划，通过国家自然科学基金、国家重点基础研究发展计划（973计划）、国家高技术研究发展计划（863计划）、国家科技资源基础调查专项和国家重点研发计划等进行系统部署，支持了沙漠和戈壁基础信息调查、荒漠化发生机制、退化植被恢复与重建机理等基础性和应用性研究，强化了荒漠化治理亟须的关键技术研究。但是，目前仍需要加大科技投入，系统研究解决荒漠化防治的理论和技术问题。

亟待解决的理论问题有2个：①旱区植被水分平衡问题，虽然对此开展了很多研究，但是仍然不能从根本上说清楚干旱、半干旱区不同植被类型的耗水规律，不能给出不同区域水资源的植被承载力；②旱区造林树种（草种）区划问题，旱区有许多造林树种（草种），但是目前说不清楚它们的适生条件和适宜种植区域在哪里。技术方面的问题也有2个：①过去几十年来我国研发了大量荒漠化防治技术，但是以往的研究主要是针对防沙治沙和植被恢复的单项技术，重复研究的单项技术很多，但技术标准化程度低，难以推广应用；②针对荒漠化地区不同类型生态系统结构和功能恢复的综合性配套技术少，研究缺乏系统性，碎片化严重，组装配套不够，在生态系统层次上的综合研究明显不足。基于此，迫切需要按照不同荒漠化区域和类型，系统梳理我国已有的荒漠化防治技术并进行标准化集成，建立荒漠化治理技术体系及智能化应用平台，提升我国荒漠化治理的整体水平。

三是多元化投入机制尚未建立。荒漠化防治工作具有明显的公益性、外部性，受盈利能力低、项目风险多等的影响，加之市场化投入机制、生态保护补偿机制仍不够完善，缺乏激励社会资本投入生态保护修复的有效政策和措施，生态产品价值实现缺乏有效途径，社会资本进入意愿不强。我国政府长期在荒漠化防治工作中发挥着主导作用，通过"做规划、上工程、定岗位、确权责"等多效并举，整体推进荒漠化防治工作的有序开展。但是，荒漠化区域经济发展相对落后，贫困人口众多，地方筹资能力弱，资金投入严重不足，中央、地方齐陷两难困境，生态治理造血机制弱，导致一些地区的荒漠化防治工程建设质量不高，成果难以巩固，规模难以扩大。靠政府的永久投入来实现并维持"由黄变绿"的成果不是长久之计。

6.4.3　荒漠化防治对策

一是加强重点工程建设。按照全方位、全地域、全过程的全域治理新理念，在治理的广度上，从局部到区域、从区域到全国、从全国到全球进行荒漠化治理；在治理的深度上，对荒漠生态系统的结构进行调整，对功能进行提升，加快治理步伐，早日实现从治沙到用沙的转变。具体措施安排体现在3个层次：①师法自然，谋划工程。谋划和实施新时代国家重点专项生态工程，包括"三北"防护林体系建设工程（第六期）、天然林保护工程（第三期）、退耕还林还草工程（第三期）、京津风沙源治理工程（第三期）等。严格按照"因地制宜、分类施策"的原则，适水适绿，宜荒则荒。②综合整治，提升能力。以国家"两屏三带"生态安全战略格局为骨架，在"三线"（生态功能保障基线、环境质量安全底线、自然资源利用上限）、"四体系"（科学适度有序的国土空间布局体系、绿色循环低碳发展的产业体系、约束和激励并举的生态文明制度体系、政府企业公众共治的绿色行动体系）的框架下，率先启动开展25个山水林田湖草沙生态保护修复试点工程。③全域治理，提质增效。按照局域、区域和流域等不同生物-地理单元，实施整体管控、系统治理，使全域提质增效。针对主要大江、大河，特别是北方的黄河、塔里木河、黑河、石羊河、党河和疏勒河等流域，实施全流域治理和修复工程。工程区内则应强基固本，夯实成果。

二是创新治理机制。荒漠化防治工作离不开方方面面的密切配合，需要不断创新治理机制。①强化部门协作机制。各级林草部门应充分发挥主管部门作用，积极做好组织、协调和指导工作，农业、水利等有关部门应发挥职能作用，积极配合、通力协作，进一步形成合力，推进荒漠化防治。②完善公众参与机制。人是荒漠化防治的决定性因素，人的认知程度和能力直接影响到荒漠化防治的成效，必须依靠和发动群众，通过宣传教育提高公众的生态意识，通过政策引导调动广大群众和社会各界参与荒漠化防治的积极性。充分发挥沙区群众的主体作用，探索新形势下开展群众性荒漠化防治的新机制、新办法，鼓励荒漠化地区国有企业、集体单位和民营企业等各类经济组织及个人承包治理荒漠化土地，鼓励不同经济成分购买沙地使用权，进行治理开发，进一步明晰权益关系，完善利益分配机制，实行"谁治理、谁开发、谁受益"的激励机制。③建立多元投入机制。积极探索建立荒漠生态补偿政策和防沙治沙奖励补助政策，建立稳定的防沙治沙投入机制，对国家级生态工程建设项目建立长期稳定的投资渠道，对营利性的荒漠化防治项目按照《中华人民共和国防沙治沙法》（以下简称《防沙治沙法》）的要求予以规范，给予长周期、低利息、匹配资金的信贷扶持政策，加大治沙贴息贷款的投入；广拓资金渠道，在安排扶贫、农业、水利、道路、能源和农业综合开发等项目时设立若干防治荒漠化子项目，资金捆绑使用，加大治理、开发的力度和规模；推动地方政府筹资开展区域性荒漠化治理，随着财力的增强，加大对荒漠化防治的资金投入；积极引导社会资金，鼓励国内外各类社会团体、企业、个人参与荒漠化防治事业，多渠道筹集资金，建立荒漠化防治的多元投入机制。

三是完善政策法规。通过一系列制度、法规的保证，将荒漠化防治的运作机制转变为切实行动。①建立严格的保护制度。坚持保护优先、自然修复为主，严守沙区生态红线，全面落实草原保护、水资源管理、沙化土地单位治理责任制。严格实行省级政府防沙治沙目标责任考核制度，强化荒漠生态环境损害责任追究和领导干部荒漠自然资源资产离任审计制度，提高各级政府的防沙治沙责任意识。②完善扶持政策。制定非公有制主体和个人参与荒漠化防治的资金扶持、税赋优惠、土地利用政策和保护治理者合法权益等方面的政策措施，加大对重点生态功能区的均衡性转移支付力度，设立国家生态补偿专项资金。③健全法律制度。深入贯彻落实《防沙治沙法》，加大执法力度，严厉查处各种违法违规行为，依法严厉打击滥垦滥牧、滥采滥挖、非法征占用沙化土地等破坏沙区植被和野生动植物资源的违法行为。加强配套法律法规建设，建立健全防沙治沙目标责任考核奖惩、沙化土地封禁保护、沙区植被保护红线、沙区开发建设项目环境影响评价等法律制度，全面梳理现有法律法规中有关荒漠化防治的内容，调整不同法律法规之间的冲突和不一致的内容，提高法律法规的系统性和协调性。

四是加强科技支撑。我国荒漠化地区的自然条件恶劣，植被破坏容易恢复难。要完成荒漠化治理的任务必须依靠科技创新，全面加大科技支撑力度。①加强荒漠化监测与评估，提高决策的科学性。加强荒漠化监测网络体系建设，加大信息、遥感系统（RS）、地理信息系统（GIS）和人工智能等现代技术推广应用力度，全面提升荒漠化和沙化监测能力及技术水平，形成装备精良、技术先进、适应荒漠化和沙化防治工作需要的综合监测网络体系。②加强技术研发与集成，提高治理的有效性。深入研究不同类型荒漠化发生机制，建立科学、系统的荒漠化防治理论与技术体系。探索防沙治沙新技术、新材料、新方法，系统总结和优化荒漠化防治模式，争取在荒漠化防治关键技术与模式方面取得新突破。③促进技术推广应用，扩大治理成效。加快荒漠化防治新技术、新模式、新成果及实用技术的推广应用，健全基层农牧业、林业、水利科技推广服务体系，鼓励科研院所、高等院校和相关农牧业、林业、水利、生态技术研发企业直接参与科技推广，探索科技推广新机制。④加强教育和培训，强化人才培养。推动荒漠化治理专业技术人才队伍建设，加强对技术人员和农牧民的培训，提高荒漠化防治科技含量。

五是加强国际交流与合作。我国作为《联合国防治荒漠化公约》的缔约国，积极履行公约义务，推动公约进程。根据荒漠化领域的总体战略目标和需要解决的关键性问题，确定优先领域，参与荒漠化防治国际谈判和国际规则制定，加强对热点问题的研究及对国际相关信息、动态的分析，争取更多的话语权和主动权，切实维护国家利益。同时，充分发挥《联合国防治荒漠化公约》及联合国环境规划署、开发计划署、粮农组织和教科文组织等国际组织的协调作用，加强中阿合作论坛、中非合作论坛等多边合作，强化"一带一路"区域、大中亚区域、东北亚次区域等多边合作，落实《"一带一路"防治荒漠化共同行动倡议》，将我国防沙治沙的经验推向全球，集各国之力，通过打造平台、推广技术和构建体系等方式共同应对全球尺度上的荒漠化难题，启动"遏制荒漠化"全球治理行动，构建旱区人类命运共同体。

6.5 荒漠生态系统保护

人为原因导致的荒漠化土地需要采取人为措施加以恢复治理，这些荒漠化区域以前可能是荒漠，也可能是森林、草原等，因为过度放牧、滥樵、滥挖、滥采、滥垦和滥用水资源等不合理的人为活动，加上气候变化等因素导致土地退化。而那些"天生"的荒漠，是自然形成的荒漠生态系统，是重要的生态资产。我们需要做的是科学规划、保护资源、保值增效，想办法与之和谐共处。自然保护区、国家沙漠公园和国家沙化土地封禁保护区等都是保护荒漠生态系统的行之有效的措施。

6.5.1 自然保护区

自然保护区是指对有代表性的自然生态系统、珍稀濒危野生动植物物种的天然集中分布区，有特殊意义的自然遗迹等保护对象所在的陆地、陆地水体或者海域，依法划出一定面积予以特殊保护和管理的区域。截至2018年6月，我国共建立了474个国家级自然保护区，总面积约为98万km²，约占我国陆地国土面积的10.1%。荒漠类自然保护区是指以荒漠生物和非生物环境共同形成的自然生态系统作为主要保护对象的自然保护区。考虑到荒漠类自然保护区生态系统的脆弱性，随着荒漠类自然保护区周边人口膨胀和各种生产经营活动的增加，以及过度放牧、草地沙化、水源短缺和降水量减少等自然因素的影响，加强荒漠类自然保护区的保护和管理工作迫在眉睫。目前，我国有14个荒漠类国家级自然保护区，占国家级自然保护区的3%（表6-1）。

表6-1　荒漠类国家级自然保护区名录

序号	保护区名称	总面积/hm²	主要保护对象
1	宁夏灵武白芨滩国家级自然保护区	74 843.0	天然柠条母树林及沙生植被，猫头刺、沙冬青、柠条等荒漠植物
2	宁夏沙坡头国家级自然保护区	140 43.1	自然沙生植被及人工治沙植被，沙漠区域荒漠生态系统
3	宁夏哈巴湖国家级自然保护区	84 000.0	荒漠生态系统、湿地生态系统
4	甘肃民勤连古城国家级自然保护区	389 883.0	荒漠生态系统及黄羊等野生动物
5	甘肃安西极旱荒漠国家级自然保护区	800 000.0	荒漠生态系统及珍稀动植物
6	甘肃安南坝野骆驼国家级自然保护区	396 000.0	野骆驼及其生境
7	新疆甘家湖梭梭林国家级自然保护区	54 667.0	梭梭林及其生境
8	新疆阿尔金山国家级自然保护区	4 500 000.0	有蹄类野生动物及高原生态系统
9	新疆罗布泊野骆驼国家级自然保护区	7 800 000.0	野骆驼及其生境、高原荒漠生态系统
10	内蒙古额济纳胡杨林国家级自然保护区	26 253.0	胡杨林及荒漠生态系统
11	内蒙古哈腾套海国家级自然保护区	123 600.0	绵刺及荒漠草原、湿地生态系统
12	内蒙古乌拉特梭梭林－蒙古野驴国家级自然保护区	68 000.0	梭梭林、蒙古野驴及荒漠生态系统
13	青海柴达木梭梭林国家级自然保护区	373 391.0	梭梭林、鹅喉羚、荒漠生态系统
14	西藏羌塘国家级自然保护区	29 800 000.0	藏羚羊、野牦牛、藏野牛等有蹄类动物及高原荒漠生态系统

6.5.2　国家沙漠公园

国家沙漠公园是指以沙漠景观为主体，以保护荒漠生态系统为目的，在促进防沙治沙和保护生态功能的基础上合理利用沙区资源，开展公众游憩、旅游休闲和进行科学、文化、宣传及教育活动的特定区域。2013年1月，国务院批准实施的《全国防沙治沙规划（2011—2020年）》提出"有条件的地方建设沙漠公园，发展沙漠景观旅游"。为科学指导国家沙漠公园的建设和发展，原国家林业局相继颁布了《国家林业局关于做好国家沙漠公园建设试点工作的通知》（林沙发〔2013〕145号）和《国家沙漠公园试点建设管理办法》（林沙发〔2013〕232号），并于2013年8月批准在宁夏中卫市设立我国首个国家沙漠公园。

截至2019年年底，国家林业和草原局已批复开展试点建设的国家沙漠公园共97个（表6-2），总面积约为38.85万hm^2。已批复建设的国家沙漠公园涉及10个省（区）及新疆生产建设兵团，其中新疆36个、内蒙古13个、山西12个、青海12个、甘肃11个、宁夏4个、河北3个、辽宁3个、陕西2个、云南1个。为有序开展国家沙漠公园试点建设，国家林业和草原局要求各有关省（区、市）林草厅（局）强化对国家沙漠公园建设的指导和监管，提高国家沙漠公园的建设和管理水平，明确土地权属，做好土地登记，明晰边线落界。同时，要求健全机构，加强管理，切实做好沙漠自然景观及林草植被保护工作，保护和修复荒漠生态系统，不断优化区域生态环境。

表6-2　国家沙漠公园试点名单

序号	名称	面积/hm^2
1	河北沽源九连城国家沙漠公园	1 079.9
2	河北丰宁小坝子国家沙漠公园	3 248.0
3	河北围场阿鲁布拉克国家沙漠公园	2 788.2
4	内蒙古西乌珠穆沁旗哈布其盖国家沙漠公园	394.8
5	内蒙古临河乌兰图克国家沙漠公园	288.6

序号	名称	面积/hm²
6	内蒙古库伦银沙湾国家沙漠公园	3 402.4
7	内蒙古乌拉特后旗乌宝力格国家沙漠公园	10 005.9
8	内蒙古乌审文贡芒哈国家沙漠公园	5 409.3
9	内蒙古正蓝旗高格斯台国家沙漠公园	1 685.5
10	内蒙古鄂托克前旗大沙头国家沙漠公园	326.8
11	内蒙古库布其七星湖国家沙漠公园	14 637.0
12	内蒙古磴口沙金套海国家沙漠公园	353.0
13	内蒙古翁牛特勃隆克国家沙漠公园	3 360.5
14	内蒙古奈曼宝古图国家沙漠公园	3 643.9
15	内蒙古乌海金沙湾国家沙漠公园	1 532.7
16	内蒙古乌审旗苏里格国家沙漠公园	894.2
17	辽宁彰武四合城国家沙漠公园	400.0
18	辽宁康平金沙滩国家沙漠公园	1 333.9
19	辽宁彰武大清沟国家沙漠公园	400.0
20	宁夏平罗庙庙湖国家沙漠公园	2 050.5
21	宁夏盐池沙边子国家沙漠公园	627.9
22	宁夏灵武白芨滩国家沙漠公园	4 400.0
23	宁夏沙坡头国家沙漠公园	7 700.0
24	山西偏关林湖国家沙漠公园	574.0
25	山西大同沙窝国家沙漠公园	1 697.6
26	山西大同十里河国家沙漠公园	3 799.0
27	山西天镇米薪关国家沙漠公园	2 419.2
28	山西新荣五旗国家沙漠公园	1 703.3

序号	名称	面积/hm²
29	山西左云鹊儿山国家沙漠公园	1 004.5
30	山西大同西坪国家沙漠公园	6 166.7
31	山西天镇边城国家沙漠公园	13 945.0
32	山西左云管家堡国家沙漠公园	2 323.7
33	山西怀仁金沙滩国家沙漠公园	1 243.9
34	山西朔城区麻家梁国家沙漠公园	867.2
35	山西右玉黄沙洼国家沙漠公园	1 101.4
36	云南陆良彩色沙林国家沙漠公园	389.7
37	陕西大荔国家沙漠公园	360.0
38	陕西定边马莲滩国家沙漠公园	9 827.6
39	甘肃高台骆驼驿国家沙漠公园	1 371.8
40	甘肃金昌国家沙漠公园	218.3
41	甘肃金塔拦河湾国家沙漠公园	3 498.5
42	甘肃民勤沙井子国家沙漠公园	2 819.5
43	甘肃玉门青山国家沙漠公园	2 509.3
44	甘肃阿克塞国家沙漠公园	11 391.0
45	甘肃敦煌阳关国家沙漠公园	8 095.5
46	甘肃临泽小泉子国家沙漠公园	713.0
47	甘肃凉州头墩营国家沙漠公园	1 574.0
48	甘肃民勤黄案滩国家沙漠公园	618.0
49	甘肃凉州九墩滩国家沙漠公园	1 796.0
50	青海格尔木托拉海国家沙漠公园	292.9
51	青海冷湖雅丹国家沙漠公园	298.3

序号	名称	面积/hm²
52	青海玛沁优云国家沙漠公园	297.7
53	青海贵南鲁仓国家沙漠公园	277.8
54	青海海晏克土国家沙漠公园	298.9
55	青海曲麻莱通天河国家沙漠公园	293.0
56	青海乌兰泉水湾国家沙漠公园	445.6
57	青海泽库和日国家沙漠公园	292.3
58	青海贵南黄沙头国家沙漠公园	1 650.0
59	青海乌兰金子海国家沙漠公园	3 590.7
60	青海都兰铁奎国家沙漠公园	13 600.0
61	青海茫崖千佛崖国家沙漠公园	945.8
62	新疆吉木萨尔国家沙漠公园	3 000.0
63	新疆阜康梧桐沟国家沙漠公园	1 507.0
64	新疆奇台硅化木国家沙漠公园	3 600.0
65	新疆木垒鸣沙山国家沙漠公园	3 000.0
66	新疆尉犁国家沙漠公园	2 000.0
67	新疆且末国家沙漠公园	7 153.3
68	新疆沙雅国家沙漠公园	27 800.0
69	新疆鄯善国家沙漠公园	20 000.0
70	新疆伊吾国家沙漠公园	11 145.9
71	新疆洛浦玉龙湾国家沙漠公园	1 100.0
72	新疆博湖阿克别勒库姆国家沙漠公园	5 600.0
73	新疆精河木特塔尔国家沙漠公园	24 775.0
74	新疆和布克赛尔江格尔国家沙漠公园	15 000.0

序号	名称	面积/hm²
75	新疆吐鲁番艾丁湖国家沙漠公园	750.0
76	新疆库车龟兹国家沙漠公园	20 047.0
77	新疆麦盖提国家沙漠公园	6 400.0
78	新疆莎车喀尔苏国家沙漠公园	6 428.0
79	新疆岳普湖达瓦昆国家沙漠公园	8 126.0
80	新疆轮台依明切克国家沙漠公园	1 972.0
81	新疆乌苏甘家湖国家沙漠公园	6 666.3
82	新疆沙湾铁门槛国家沙漠公园	362.6
83	新疆叶城恰其库木国家沙漠公园	3 381.0
84	新疆布尔津萨尔乌尊国家沙漠公园	7 780.0
85	新疆昌吉北沙窝国家沙漠公园	3 000.0
86	新疆呼图壁马桥子国家沙漠公园	7 689.4
87	新疆玛纳斯土炮营国家沙漠公园	2 645.0
88	新疆英吉沙萨罕国家沙漠公园	666.7
89	新疆生产建设兵团阿拉尔睡胡杨国家沙漠公园	3 072.6
90	新疆生产建设兵团乌鲁克国家沙漠公园	653.1
91	新疆生产建设兵团子母河国家沙漠公园	1 132.2
92	新疆生产建设兵团醉胡杨国家沙漠公园	1 314.5
93	新疆生产建设兵团阿拉尔昆岗国家沙漠公园	1 380.3
94	新疆生产建设兵团可克达拉国家沙漠公园	1 320.6
95	新疆生产建设兵团丰盛堡国家沙漠公园	1 169.8
96	新疆生产建设兵团第七师金丝滩国家沙漠公园	572.9
97	新疆生产建设兵团驼铃梦坡国家沙漠	2 039.8

6.5.3　国家沙化土地封禁保护区

　　根据《全国防沙治沙规划（2011—2020年）》确定的范围，对于不具备治理条件和因保护生态的需要不宜开发利用的连片沙化土地，按照生态区位的重要程度、沙化危害状况和国家财力支持情况等分批划定为国家沙化土地封禁保护区。划定和管理沙化土地封禁保护区的基本原则是"统筹规划、严格保护、集中连片、突出重点"，在地块上不得与自然保护区及其他已批准设立的保护区重叠。我国从2013年开始进行沙化土地封禁保护区试点工作，目前保护区总数达102个（表6-3），涉及7个省（区），其中内蒙古19个、西藏4个、陕西4个、甘肃20个、青海12个、宁夏5个、新疆38个，总面积达174万hm²。

表6-3　国家沙化土地封禁保护区名单

序号	名　称
1	内蒙古新巴尔虎左旗嵯岗国家沙化土地封禁保护区
2	内蒙古扎鲁特旗乌力吉木仁国家沙化土地封禁保护区
3	内蒙古奈曼旗苇莲苏国家沙化土地封禁保护区
4	内蒙古翁牛特旗松树山国家沙化土地封禁保护区
5	内蒙古鄂尔多斯市造林总场万太兴国家沙化土地封禁保护区
6	内蒙古鄂托克旗沙日塔拉国家沙化土地封禁保护区
7	内蒙古杭锦旗独贵塔拉国家沙化土地封禁保护区
8	内蒙古杭锦旗双庙国家沙化土地封禁保护区
9	内蒙古乌拉特后旗获各琦国家沙化土地封禁保护区
10	内蒙古阿拉善左旗额尔克哈什哈国家沙化土地封禁保护区
11	内蒙古阿拉善右旗曼德拉国家沙化土地封禁保护区
12	内蒙古额济纳旗温图高勒国家沙化土地封禁保护区

序号	名称
13	内蒙古阿拉善右旗阿拉腾朝格国家沙化土地封禁保护区
14	内蒙古阿拉善右旗雅布赖国家沙化土地封禁保护区
15	内蒙古阿拉善左旗扎格图国家沙化土地封禁保护区
16	内蒙古额济纳旗古日乃国家沙化土地封禁保护区
17	内蒙古杭锦旗伊和乌素国家沙化土地封禁保护区
18	内蒙古乌拉特后旗西尼乌素国家沙化土地封禁保护区
19	内蒙古正蓝旗桑根达来国家沙化土地封禁保护区
20	西藏噶尔县念久桑国家沙化土地封禁保护区
21	西藏定结县林塘切姆国家沙化土地封禁保护区
22	西藏仲巴县岗珠国家沙化土地封禁保护区
23	西藏萨嘎县拿果国家沙化土地封禁保护区
24	陕西靖边县长城沿线国家沙化土地封禁保护区
25	陕西横山县黑疙瘩恍惚沙国家沙化土地封禁保护区
26	陕西榆阳区五十里沙国家沙化土地封禁保护区
27	陕西定边县北部风沙滩区国家沙化土地封禁保护区
28	甘肃敦煌市鸣沙山国家沙化土地封禁保护区
29	甘肃金塔县巴丹吉林沙漠西缘国家沙化土地封禁保护区
30	甘肃临泽县北部干旱荒漠国家沙化土地封禁保护区
31	甘肃民乐县东滩国家沙化土地封禁保护区
32	甘肃民勤县梭梭井国家沙化土地封禁保护区
33	甘肃永昌县清河绿洲北部国家沙化土地封禁保护区
34	甘肃玉门市红柳泉国家沙化土地封禁保护区
35	甘肃金川区腾格里沙漠西部边缘国家沙化土地封禁保护区

序号	名 称
36	甘肃凉州区夹槽滩国家沙化土地封禁保护区
37	甘肃古浪县麻黄塘国家沙化土地封禁保护区
38	甘肃景泰县翠柳沟国家沙化土地封禁保护区
39	甘肃环县甜水镇国家沙化土地封禁保护区
40	甘肃金塔县石梁子国家沙化土地封禁保护区
41	甘肃高台县西沙窝国家沙化土地封禁保护区
42	甘肃阿克塞县库姆塔格国家沙化土地封禁保护区
43	甘肃民勤县上八浪井国家沙化土地封禁保护区
44	甘肃敦煌市东戈壁国家沙化土地封禁保护区
45	甘肃玛曲县昂格布国家沙化土地封禁保护区
46	甘肃山丹县东乐南滩国家沙化土地封禁保护区
47	甘肃肃北县马鬃山镇国家沙化土地封禁保护区
48	青海都兰县夏日哈国家沙化土地封禁保护区
49	青海乌兰县卜浪沟国家沙化土地封禁保护区
50	青海海西州茫崖行委国家沙化土地封禁保护区
51	青海贵南县木格滩国家沙化土地封禁保护区
52	青海大柴旦行委国家沙化土地封禁保护区
53	青海格尔木市乌图美仁国家沙化土地封禁保护区
54	青海海晏县国家沙化土地封禁保护区
55	青海共和县塔拉滩国家沙化土地封禁保护区
56	青海玛沁县昌麻河国家沙化土地封禁保护区
57	青海乌兰县灶火国家沙化土地封禁保护区
58	青海贵南县鲁仓国家沙化土地封禁保护区

序号	名 称
59	青海海西州冷湖行政委员会国家沙化土地封禁保护区
60	宁夏灵武市白芨滩防沙林场国家沙化土地封禁保护区
61	宁夏红寺堡区酸枣梁国家沙化土地封禁保护区
62	宁夏同心县马高庄乡国家沙化土地封禁保护区
63	宁夏中卫市沙坡头区长流水国家沙化土地封禁保护区
64	宁夏盐池机械化林场国家沙化土地封禁保护区
65	新疆沙雅县盖孜库木国家沙化土地封禁保护区
66	新疆哈密市南湖乡南部国家沙化土地封禁保护区
67	新疆墨玉县喀瓦克乡西北部国家沙化土地封禁保护区
68	新疆且末县河东国家沙化土地封禁保护区
69	新疆玛纳斯县柳舍国家沙化土地封禁保护区
70	新疆鄯善县库木塔格国家沙化土地封禁保护区
71	新疆吉木萨尔县S239线国家沙化土地封禁保护区
72	新疆阿瓦提县和田桥国家沙化土地封禁保护区
73	新疆岳普湖县绿洲北缘国家沙化土地封禁保护区
74	新疆吉木乃县库木托拜国家沙化土地封禁保护区
75	新疆策勒县策勒乡国家沙化土地封禁保护区
76	新疆若羌县国道218罗布庄段国家沙化土地封禁保护区
77	新疆博湖县阿克别勒库姆国家沙化土地封禁保护区
78	新疆木垒县鸣沙山国家沙化土地封禁保护区
79	新疆洛浦县杭桂乡北部国家沙化土地封禁保护区
80	新疆英吉沙县布谷拉木国家沙化土地封禁保护区
81	新疆布尔津县萨热库木国家沙化土地封禁保护区

序号	名　称
82	新疆莎车县喀尔苏乡国家沙化土地封禁保护区
83	新疆叶城县江格勒斯国家沙化土地封禁保护区
84	新疆阿克苏市乔吾克国家沙化土地封禁保护区
85	新疆柯坪县齐格布隆国家沙化土地封禁保护区
86	新疆巴楚县下河林场国家沙化土地封禁保护区
87	新疆福海县三口泉国家沙化土地封禁保护区
88	新疆阜康市彩南国家沙化土地封禁保护区
89	新疆伽师县科克铁提国家沙化土地封禁保护区
90	新疆和硕县库姆布拉克国家沙化土地封禁保护区
91	新疆呼图壁县北沙窝国家沙化土地封禁保护区
92	新疆吉木乃县金斯克国家沙化土地封禁保护区
93	新疆库车县塔南区域国家沙化土地封禁保护区
94	新疆轮台县草湖乡国家沙化土地封禁保护区
95	新疆麦盖提县喀郎古托格拉克国家沙化土地封禁保护区
96	新疆民丰县尼雅乡国家沙化土地封禁保护区
97	新疆皮山县科克铁热克乡国家沙化土地封禁保护区
98	新疆奇台县西地国家沙化土地封禁保护区
99	新疆鄯善县东湖国家沙化土地封禁保护区
100	新疆尉犁县阿其克国家沙化土地封禁保护区
101	新疆乌什县阿合雅镇国家沙化土地封禁保护区
102	新疆于田县达里雅布依乡国家沙化土地封禁保护区

6.6 本章结语

    我国已经进入生态文明新时代，需要正确认识荒漠与荒漠化的关系。一方面，要科学防治荒漠化，让那些本不该退化成为荒漠的地方回归原来的面貌；另一方面，也要尊重自然，保护好荒漠生态系统，认识到大漠戈壁也是"金山银山"，严格遵循不同类型荒漠的形成与发育规律，确保荒漠生态系统的原生性、完整性，而不是要消灭地球上所有的荒漠。荒漠生态系统是陆地生态系统的重要组成部分，对于维护地球生物圈的生态平衡是不可缺少的。

参 考 文 献

[1] 程磊磊，却晓娥，杨柳，等.中国荒漠生态系统:功能提升、服务增效 [J] .中国科学院院刊，2020，35（6）：690-698.

[2] 慈龙骏，吴波.中国荒漠化气候类型划分与潜在发生范围的确定 [J] .中国沙漠，1997，17（2）：107-111.

[3] 慈龙骏，杨晓晖.中国的荒漠化及其防治 [M] .北京：高等教育出版社，2005.

[4] 董光荣，吴波，慈龙骏，等.我国荒漠化现状、成因与防治途径 [J] .中国沙漠，1999，19（4）：318-332.

[5] 国家林业和草原局.国家沙漠公园发展规划（2016—2025 年）[R] .2016.

[6] 国家林业和草原局.中国荒漠化和沙化状况公报 [R] .2015.

[7] 卢琦，等.中国沙情 [M] .北京：开明出版社，2000.

[8] 卢琦，郭浩，吴波，等.荒漠生态系统功能评估与服务价值研究（第二版）[M] .北京：科学出版社，2016.

[9] 卢琦，贾晓红.荒漠生态学 [M] .北京：中国林业出版社，2019.

[10] 卢琦，雷加强，李晓松，等.大国治沙：中国方案与全球范式.中国科学院院刊 [J] .中国科学院院刊，2020，35（6）：656-663

[11] 沈国舫，吴斌，张守攻，等.新时期国家生态保护和建设研究 [M] .北京：科学出版社，

2017.

[12] 吴波，苏志珠，陈仲新. 中国荒漠化潜在发生范围的修订 [J]. 中国沙漠，2007，27（6）：911-917.

[13] 中华人民共和国林业部防治沙漠化办公室. 联合国关于在发生严重干旱和 / 或荒漠化的国家特别是在非洲防治荒漠化的公约 [M]. 北京：中国林业出版社，1996.

第7章

野生动植物保护和
自然保护区

XIN**SHIDAI**
SHENGTAI WENMING
CONGSHU

7.1 引言

自然界是一个环环相扣的生态链，各个环节、各个元素之间都互相依赖，在不断演变进化的生态系统中，每个环节的变化都会对整个生物链造成影响。保护野生动植物就是保护人类自己，野生动植物生态链一旦遭到损害，就必然会引起整个生态体系生物链的紊乱乃至恶化，如不及时拯救修复，生态系统就会失去平衡，给人类社会造成灾难性的打击。

我国地大物博，自然环境多种多样，纬度跨越大，从热带到寒温带、从热带雨林到高寒植被，植物分布层次分明，野生动植物资源丰厚。森林、湿地、荒漠、草原和海洋等地理环境纷繁复杂，呈现出丰富多彩、生机盎然的景象。优良的自然环境孕育着丰富的林业野生动植物资源，极为丰富的野生动植物也是遗传多样性的宝库，为粮食作物、经济作物、果树、蔬菜、牧草、花卉、药材和林木等提供了丰富的种源基因。

保护动植物意味着保护支持我们经济和福祉的生态系统。标志性物种的不幸消失有着广泛而深远的影响，动植物保持生态系统的功能，健康的生态系统也使我们得以生存、获取足够的食物。当有物种灭绝或数量剧减时，生态系统和人类，尤其是世界的贫困人口就会被牵连。健康的野生动植物种群反映出水量和水质的正常，这意味着城市能享受可靠的水源。

据估算，我国3万余种高等植物中约有半数种类在不同地区为人们所利用，其中，已开发利用的重要野生经济植物就有3 000多种，包括材用植物300余种、纤维类植物120余种、淀粉原料植物150余种、油脂植物300余种、饲料植物200种、芳香油植物300余种，还有树脂树胶类植物和防风固沙植物及药用植物等。我国植物种类繁多，尤其是药用植物更是如此，全国范围内流通的中药材有500多种，部分中药材还常年出口到欧美和东南亚数十个国家。

丰富的物种资源为工业提供了大量的原材料，如槐树种子胶作为纺织印染助剂可以提高纺织品的印染质量，桑科植物用于冶金化学试剂桑色素，白背叶籽油代替桐油作油漆，山苍子油用作洗净剂，榆树种子油可制备癸酸试剂，连翘挥发油用于防感冒牙膏的生产，用橡籽、化香、地榆、菝葜和余甘子等提取的烤胶为鞣料工业解决了原料，石松属孢子粉可用作精密脱模剂等。

我国是传统医药大国，中医药的研究和应用有几千年的悠久历史，中医是我国乃至世界宝贵的文化遗产。我国辽阔的国土、复杂多样的自然环境使药用植物资源储量丰富、种类繁多。据统计，全国中药材种类有12 807种，其中植物药材有11 146种（占80%以上），常用的大宗植物药材有320种，总蕴藏量为850万t。其中，有不少用于治癌、抗癌、镇痛、止痛、降血压、安神、避孕和治疗心绞痛、疟疾、心力衰竭、冠心病、慢性气管炎等的植物种，如海南三尖杉、乌头、延胡索、钩藤、马兜铃、萝芙木、山楂、黄花蒿、穿龙薯蓣、丹参、龙牙草和小花棘豆等。

我国野生动植物资源的经营利用广泛分布于各行各业，医药、食品、轻工、建材、化工和工艺品制造业等都不同程度地利用野生动植物及其产品作原料，近几年迅速发展起来的野生动植物繁育、培植和加工已经成为乡镇企业、民营企业和农村多种产业的重要组成部分。同时，依赖于野生动植物及其生境和形成的生态系统而发展起来的生态旅游、花卉培育和野生动植物观赏等资源非消耗性产业也日益蓬勃，显出了巨大的开发潜力，成为国际上特别是发达国家争夺的焦点。野生动植物的丰富基因资源将开拓出一大批新兴产业。因此，野生动植物资源利用对于促进关联产业发展、增加农民收入、提高人民群众物质文化生活质量、实现资源的有效利用和社会经济的可持续发展具有重要的现实意义。

野生动植物保护地还能预防山体滑坡，使社区居民生活更加安全。随着我国经济和城市化进程的快速发展，自然环境遭受了一定的破坏，盗猎、毁湿地开荒、乱砍滥伐等不良现象在严重破坏了生态环境的同时，也侵占了野生动植物的生存空间，商业化贸易对野生动物造成的危害尤为严重。在利益的驱使下，有些偷猎者大量捕杀、盗猎野生动物。同时，野生动植物资源的过度开发利用，盲目的开荒、毁林等行为破坏了自然资源，导致林业野生动植物资源遭到严重的毁灭性破坏，许多野生动植物资源已经灭绝或濒临灭绝。目前，我国已列入野生动植物濒危程度较为严重的国家行列，对野生动植物生存环境采取有效的保护措施、保护珍稀林业野生动植物工作势在必行。

7.2 野生动植物保护

7.2.1 我国野生动植物的特点

我国地域辽阔，气候、地形复杂，植物多样性极为丰富，是全世界近1/10植物物种生存的家园。据《中国生物物种名录》2021版统计，我国拥有植物界38 394种，包括被子植物31 961种、裸子植物289种，居世界第三位，仅次于巴西和哥伦比亚。此外，我国几乎拥有温带的全部木本属，尤其是华中地区更是世界上落叶木本植物最丰富的地区。我国动物物种也非常丰富，拥有鸟类1 445种、哺乳类564种、两栖类481种、爬行类463种、鱼类4 949种。

我国47.5%的蕨类植物和51.2%的种子植物为特有种，特有比例之高世界罕见。此外，我国脊椎动物特有种数达667种，约占我国脊椎动物总种数的10%。鸟类中的褐马鸡、朱鹮、白冠长尾雉和鸳鸯，兽类中的大熊猫、藏羚羊、金丝猴、野牦牛和白唇鹿等，都是中国特有动物的典型例子。众多的特有物种使我国在世界脊椎动物物种多样性中占有十分重要的地位。我国特有物种80%以上集中分布于南方、青藏高原、西南山地和大陆沿海的陆缘岛。

区系起源古老是我国物种多样性的另一大特色。我国大部分地区在第四纪冰期未遭受大陆冰川的影响，所以很多地区都在不同程度上保留着白垩纪、第三纪的古老残遗成分，使我国动植物区系成为世界上相对保存比较完整的古老区系之一。第三纪残遗的很多古老的被子植物的科和属，如山茶科、樟科、八角科、五味子科、蜡梅科、昆栏树科、水青树科、伯乐树（钟萼木）科及木兰科的鹅掌楸属、木兰属、木莲属、含笑属和金缕梅科的蕈树属、蚊母树属、马蹄荷属、红花荷属等。另外，我国植物特有属中，单型属和少型属占95%以上，这类属大多数是原始或古老类型。

7.2.2 我国野生动植物保护现状

我国法律上所要保护的野生动物是指珍贵、濒危的陆生、水生野生动物和有益或有重要经济、科学研究价值的陆生野生动物，按其保护程度可分为国家重点保护野生动物、地方重点保护野生动物和非重点保护野生动物。其中，国家重点保护野生动物是指列入《国家重点保护野生动物名录》而被加以特殊保护的动物，分为一级保护野生动物和二级保护野生动物；地方重点保护野生动物是指列入地方重点保护野生动物名录而被加以特殊保护的动物；国家和地方重点保护野生动物以外的野生动物均为非重点保护野生动物。

我国法律上所要保护的野生植物是指原生地天然生长的珍贵植物和原生地天然生长并具有重要经济价值、科学研究、文化价值的濒危、稀有植物，根据其保护程度的不同可分为国家重点保护野生植物和地方重点保护野生植物。其中，国家重点保护野生植物是指列入《国家重点保护野生植物名录》而被采取特别措施加以保护的植物；地方重点保护野生植物是指国家重点保护野生植物以外的列入地方重点保护野生植物名录而被省、自治区、直辖市特别保护的植物。国家重点保护野生植物又可分为国家一级、二级保护野生植物，地方重点保护野生植物也可分为地方一级、二级保护野生植物。

1989年1月，林业部和农业部第1号令发布了经国务院批准的《国家重点保护野生动物名录》，列入该名录的动物共257种。其中，属于一级保护的有96种、二级保护的有161种，属于林业部门保护的有209种，属于农业（渔业）部门保护的有48种。

1999年8月4日，国务院批准了《国家重点保护野生植物名录（第一批）》，由国家林业局、农业部第4号令发布，自1999年9月9日起施行。列入该名录的植物共254种，属于一级保护的有51种、二级保护的有203种，属于林业部门保护的有205种，属于农业（渔业）部门保护的有49种。

我国是世界上野生动植物资源最为丰富的国家之一，具有动植物区系种类丰富、起源古老，多古老、孑遗种和特有种等特征，成为世界上相对保存比较完整的古老区系之一。这些丰富的生物多样性就孕育在各种各样的生态系统中。根据物种丰富度和特有性，我国确定了生物物种多样性热点地区（图7-1）：吉林长白山地区、祁连山地区、伏牛山地区、秦岭地区、大巴山地区、大别山地区、浙闽低山丘陵地区、浙闽山地地区、川西高山峡谷地区、藏东南部地区、滇西北地区、武陵山地区、南岭地区、十万大山地区、西双版纳地区和海南中部山区，这些地区所具有的森林生态系统也是重点保护对象。据统计，我国自然保护区总面积已达国土面积的14.86％，野生动植物保护区体系已经基本形成，需要针对生物多样性保护优先地区建立自然保护体系，在已确定的优先区域内构建保护区网络体系，并加强对自然保护区外野生动植物的保护。

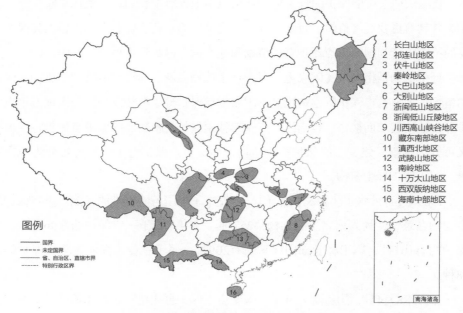

图7-1　中国物种多样性保护热点地区

（图片来源：李迪强等，2013）

7.3 我国自然保护区建设成就

　　1956年，我国建立了第一个自然保护区——鼎湖山自然保护区。经过60多年，我国的自然保护区建设已初步形成了布局基本合理、类型比较齐全、功能相对完善的体系（表7-1），为保护生物多样性、筑牢生态安全屏障、确保生态系统安全稳定和改善生态环境质量作出了重要贡献。自然保护区是我国保护典型生态系统和生物多样性、发挥林业碳汇功能最直接、最有效的措施。截至2017年年底，全国共建立了各种类型、不同级别的自然保护区2 750个，总面积为147.17万km²。其中，自然保护区陆域面积为142.70万km²，占陆域国土面积的14.86%。国家级自然保护区463个，面积为97.45万km²。我国初步形成了类型齐全、功能完备的野外保护网络体系，有效保护了约90%的陆地生态系统和85%的野生动物种群，部分珍稀濒危物种种群逐步恢复。以大熊猫为例，目前存活的野外大熊猫超过1 800只，已经从濒危过渡到易危。

表7-1　2017年全国不同类型自然保护区情况

类型	数量/个					面积/hm²				
	国家级	省级	市级	县级	合计	国家级	省级	市级	县级	合计
森林生态	212	384	225	613	1434	15 431 482	11 747 487	2 202 929	2 411 542	31 793 440
草原草甸	4	12	3	22	41	731 424	401 243	39 416	479 606	1 651 689
荒漠生态	13	13	0	5	31	36 700 178	3 273 486	0	80 624	40 054 288
内陆湿地	55	172	63	91	381	20 704 601	6 644 232	1 820 263	1 817 870	30 986 966
海洋海岸	17	13	14	24	68	512 529	50 592	116 710	37 007	716 838
野生动物	123	161	80	162	526	22 248 516	13 389 513	538 223	2 517 663	38 693 915
野生植物	19	41	16	75	151	782 110	464 772	142 617	360 645	1 750 144
地质遗迹	13	40	11	21	85	172 346	715 844	14 269	67 975	970 434
古生物遗迹	7	19	4	3	33	168 393	259 148	120 965	1 051	549 557
合计	463	855	416	1 016	2 750	97 451 579	36 946 317	4 995 392	7 773 983	147 167 271

7.4 我国野生动植物保护存在的问题

7.4.1 濒危物种的比例不断增加

目前，还没有关于我国植物濒危状况的全面系统的资料，但世界自然保护联盟（IUCN）中国植物专家组已初步评估出我国4%的高等植物受到严重威胁，其中包括苔藓68种、蕨类118种、裸子植物107种、被子植物1 106种，分属IUCN濒危物种红色名录最新等级标准（3.1版，2001年）中的绝灭、野外绝灭、极危、濒危和易危5个等级，上述高等植物总计共1 399种，占高等植物总种数的4.4%。而裸子植物、兰科植物等具有重要经济价值类群的受威胁比例更高，达40%以上，远远超出了过去的估计。考虑到我国野生高等植物遭受破坏的历史和现状，估计濒危和受威胁的种类达到5 000种左右，占物种总数的比例达15%～20%。国家林业局于1996—2000年组织调查了全国范围内189种国家重点保护植物的野外生存状况，表明盐桦、金平桦和秤锤树3个树种在这次调查中未找到，原产地野生仅存1～10株的木本植物有11种，仅存11～100株的木本植物有12种，仅存50 000株以下的国家重点保护野生植物共有89种，占189种的47.1%。这表明野生植物保护工作形势仍然异常严峻，在栖息地减少与生境破碎化的共同影响下，珍稀濒危植物的受威胁状态并没有解除。

过去半个世纪，我国动物濒危程度也在不断加剧。根据2003年IUCN发布的濒危物种红色名录，我国有233种脊椎动物面临灭绝的威胁，包括81种哺乳动物、75种鸟类、46种鱼类、31种爬行动物。在2007年IUCN濒危物种红色名录中，我国哺乳动物濒危物种增加到83种，鸟类增加到86种。我国的野生脊椎动物无论是分布区域还是种群数量均急剧缩减。许多大型草食兽类，如麋鹿早已从野外绝灭，野生的马鹿、梅花鹿也已在许多地方局部绝迹。即使在边远地区，脊椎动物的处境也不容乐观。

7.4.2 生态系统破碎化、退化严重

受人为活动和气候变化的影响，很多森林生态系统正处于不断退化的状态，生

态功能不断削弱。我国森林覆盖率虽然持续增长，但主要是大面积的人工林种植，品种单一、生态系统脆弱、抗病虫害能力较弱，导致森林生态系统生物多样性整体质量下降。更值得关注的是，随着橡胶等经济林和桉树、杨树等速生用材林的机械化大面积推广，大量天然次生植被遭到破坏，对区域生物多样性与生态系统功能造成极大的负面影响。例如，由于橡胶林的种植，西双版纳热带季雨林面积持续减少。分时段来看，1990—2000年，橡胶林面积增加了7.02万hm^2，天然林（热带雨林、山地雨林和亚热带常绿阔叶林）面积减少了27.62万hm^2，减少最多的为亚热带常绿阔叶林；2000—2010年，橡胶林面积增加了13.76万hm^2，天然林面积减少了14.06万hm^2，减少最多的为山地雨林。因此，造成了当地生态系统结构和功能的巨大破坏。

森林生态系统的破碎化和退化导致了野生动物栖息地面积的减少和赖以生存的食物网的断裂，这是对生物多样性的最大威胁。而人类活动范围与能力的与日俱增，正不断正面抢夺或者间接破坏生物的生存空间和资源。农业清地、伐木、薪柴利用导致的栖息地丧失仍然是物种数量锐减的主要原因，在人为活动增加的温室气体中，有20%的温室气体是土地利用变化造成的。刘思慧认为，人类活动影响着气候变化，气候变化反过来也造成了许多物种栖息地范围的变小，使它们濒临灭绝。IUCN物种生存委员会（IUCN/SSC）灵长类专家组、国际灵长类学会与保护国际共同发布了一个新的报告，热带雨林毁坏等原因给灵长类带来了巨大威胁，有29%的猿、猴子、狐猴及其他的灵长类动物正日趋濒危。

栖息地的碎裂化也直接影响着森林野生动物的生存。杨培君、陈灵芝、王祖望的研究表明，城市化进程和人类交通需求的渐渐扩张使世界范围内的森林大面积消失，残留森林成为小块的生态碎片，生态走廊被切断，生物生存空间锐减，资源竞争达到白热化。栖息地日渐削减和破碎化还会产生岛屿效应，造成同种生物之间的遗传隔绝、遗传狭窄、近亲繁殖，种群繁衍面临直接威胁。

7.4.3　受到全球气候变暖的影响

自1986—1987年的冬季开始，我国已连续经历了21个暖冬。在全球气候变暖的背景下，我国近40年的气温变化基本上呈冷暖交替状态，除四川省的气温变化出现特例外，全国气温普遍呈波动性上升趋势。近年来，西北、东北、华北地区增温显著，华北地区出现暖干化趋势。初步评估表明：一些珍稀树种，如珙桐、秃杉的分布区将缩小，并可能对大熊猫、滇金丝猴和藏羚羊等濒危物种产生较大影响。20世纪90年代后，我国北旱南涝的趋势明显。20世纪50年代至21世纪初，我国海区沿岸海平面呈上升趋势，气候变化已经对海洋及海岸带生物多样性产生了影响。然而，目前我国尚未建立气候变化对生物多样性影响评估的方法体系，气候变化影响评估方法和结果还存在不确定性。

7.4.4 公众生态保护意识仍不强

目前，我国公众的森林生态系统保护和生物多样性保护意识亟待提高。森林生态系统保护和野生动植物保护意识普遍不强，缺乏生态风险防范基本知识。部分决策者的生物多样性保护意识不强，发展经济仍以牺牲生态环境和消耗自然资源为代价。基层农民是保护和利用生物资源的主体，但其对森林生态系统和生物多样性保护的意识淡薄，未能有效参与保护。此外，各级政府对生物多样性保护的重视程度不够，未能与工业污染防治并重。

总之，在自然和人为因素的共同作用下，我国的生物多样性在生态系统、物种及遗传多样性三个层面上都在发生着显著变化。这些变化有些是积极的，如森林覆盖面积不断增加、有些生物多样性关键区域得到了有效保护等。但更明显的趋势是生物物种和遗传多样性的不断丧失，物种生境不断丧失和破碎化，生态系统不断退化。虽然生物多样性保护的意识已空前提高，但保护生物多样性依然任重道远。

7.5 我国野生动植物保护与自然保护区发展战略

7.5.1 开展濒危物种拯救工程

在已有野生动植物保护和自然保护区建设工程的基础上，我国继续开展15类物种（大熊猫、朱鹮、老虎、藏羚羊、金丝猴、扬子鳄、亚洲象、长臂猿、麝、普氏原羚、野生鹿类、鹤类、雉类、兰花和苏铁）拯救工程，启动了对分布区狭窄、数量濒危的野生动植物的拯救工程，组织实施了植物极小种群保护工程和极濒危动物拯救工程，大力开展人工繁育研究，促进了一些濒危物种种群的恢复和发展。

7.5.2 加强野生动植物的调查、编目、监测和相关科学研究

1. 调查与编目

我国地域广阔、地理条件复杂，野生动植物极其丰富。由于技术条件的限制，许多地区的生物资源调查不够深入，生物类群的分类和编目存在薄弱环节。目前的物种数据多半依据几十年前的调查，近年来尚未进行全国范围的大型生物资源调查。然而，过去30年我国野生动植物遭受到前所未有的威胁，需要及时掌握我国生物资源本底的变化。

因此，需要建立物种资源持续调查编目的长期计划，制定物种及遗传资源定期调查和数据更新战略，建立专家队伍，建议每隔十年在全国开展一次大规模的野生动植物清查，将生物资源清查的资金需求列入国家财政计划。

2. 建立野生动植物监测网络

未来需要加强对野生动植物的监测，尤其是对森林生态系统及其功能变化的监测。整体来看，我国的生态监测网络建设尚处于初级阶段，尚未建立起有效和完善的生态监测和生物多样性监测网络。在管理上，各部门和单位的监测设施需要整体协调，以形成完整、成熟的体系；在研究设备、研究手段和研究条件上，要不断改善和提高，并逐步与国际接轨。此外，目前的监测主要针对森林生态系统，而在物种资源的监测方面还存在许多空白。

为此，应当在科学、系统、实用的前提下，注重整体协调性和连续性，加强各部门已有监测体系的协调和总体规划，构建中国森林生态系统监测、评估和决策支持系统的完整框架。要充分利用现有的自然保护区网络体系，建立生物物种的监测网络，特别是对于我国珍稀濒危物种、特有物种、重要经济价值物种等及其种群的消长趋势、受威胁因素、市场和贸易等进行系统的监测。

3. 加强相关科学研究

全国应制订协调统一的科研计划，在野生动植物资源调查、整理编目、就地保护、收集保存、遗传资源核心种质保护、基因鉴别与开发利用等方面明确重点，具体规划，分步实施。除了加强生物物种及其栖息地的保护，还要加强对气候变化等新挑战的前瞻性研究。要积极推广应用成熟的研究成果和技术，促进科学研究成果的交流和社会共享，加强机构间、部门间和国际的科技交流和信息网络化，紧跟世界前沿，致力于科技创新。

7.5.3　建设自然保护区，保护野生动植物

一是开展系统保护规划，确定保护优先地区，构建优先地区的自然保护体系。这些丰富的生物多样性就孕育在各种各样的生态系统中，而森林生态系统是生物多样性最为丰富的生态系统类型之一，是生物物种生存的主要栖息地。据统计，我国自然保护区总面积已达国土面积的14.86%，生物多样性保护区体系已经基本形成，森林生物多样性保护要针对生物多样性保护优先地区建立自然保护体系，在已确定的优先区域内构建保护区网络体系，并加强自然保护区外生物多样性的保护。

二是重视有效保护面积、提高保护区管理的有效性。我国自然保护区存在有名无实的问题，虽然有些保护区的缓冲区和实验区很大，但据估计，实际的有效保护面积远达不到国土面积的10%。因此，要利用几年时间对全国自然保护区进行实际评估和边界确定，使国家有限的资源用于真正的保护。

三是开展空缺分析，确定新建保护区的重点地区，注重自然保护区的地区平衡。要协调自然保护区的平衡发展，提高生物多样性保护的有效性。统计资料表明，大面积的自然保护区集中分布在我国西北地区、青藏高原和内蒙古草原，其中青海、新疆、西藏、甘肃和内蒙古五省（区）的自然保护区占全国自然保护区总面积的74%。但生物多样性丰富的东南、华南和西南地区的自然保护区多数占省面积的5%左右，仅云南和四川超过省面积的10%。因此，需要对全国自然保护区分布进行区划研究，对不同地区设立不同的自然保护区有效面积指标。

四是加强自然保护区管理法规、制度、政策、标准和指南的研究，使自然保护

区管理更加科学性和制度化。要将3S（GPS、GIS和RS）等新技术用于自然保护区的资源管理和监测，同时扩大对外交流，提高保护区科研人员的技能。

五是开展示范保护区工程，提高自然保护区管理质量。要在全国范围选择各类型自然保护区，开展国家级自然保护区示范建设，示范内容包括管理计划制订、功能区划分、信息平台建设、人员培训、科学研究和社区共管等，在取得经验后再向其他国家级和地方级自然保护区推广。

7.5.4 适当加强野生动植物的迁地保护

一是建立就地与迁地互补的保护战略。基于我国人均资源相对偏低的国情，野生动植物保护应采取就地保护与迁地保护互补的战略。对重要的自然生态系统以就地保护为主，建立自然保护区；对重要物种，特别是珍稀濒危物种应采取就地保护与迁地保护相结合的战略。

二是建立全国动植物园网络体系。在现有植物园（包括各种专类园）、树木园、药物园和保护区建立的野生植物保护基地的基础上，合理规划建立全国植物园网络体系，在此体系内开发具体的物种资源迁地保护计划，根据各地植物区系特点和植物园优势，各有侧重地迁地保护当地的特有物种、珍稀濒危物种及具有经济价值的物种。需要评估动物园和野生动物园、动物救护中心在物种迁地保护方面的实际作用，真正发挥动物园体系和动物繁育基地在保护物种方面的作用。

7.5.5 减少气候变化对野生动植物的负面影响

一是加强野生动植物保护与应对气候变化之间的协同增效。气候变化被认为是野生动植物最大的威胁之一，保护野生动植物和应对气候变化之间存在密切的联系，良好的生态系统可以减缓气候变化带来的不利影响，而健康的物种种群能增强对气候变化的适应能力。要研究和模拟预测代表性物种对气候变化的响应，以及濒危物种与气候变化的响应关系。近年来，国际上强调《生物多样性公约》与《联合国气候变化框架公约》之间的协同增效，在国家层面也需要开展生物多样性对气候变化响应的案例研究，增强履约的协同增效。

二是加强气候变化影响研究。《国家中长期科学和技术发展规划纲要（2006—2020年）》提出，要积极参与国际环境合作，加强全球环境公约履约对策与气候变化科学不确定性及其影响研究。当前，应开展气候变化对野生动植物和森林生态系统影响的评估，特别需要开展物种类群对气候变化响应的脆弱性评估，探讨区域野生动植物与森林生态系统对气候变化的响应模式。还要开展应对气候变化影响的野生动植物管理和森林生态系统管理示范，选择典型地区从濒危物种和地区尺度研究野生动植物和森林生态系统对气候变化的响应，按照生态系统方式提出示范区野生动植物和森林生态系统应对气候变化的管理模式。

7.5.6　加强公众保护野生动植物的宣传教育，建立公众广泛参与机制

完善公众参与野生动植物保护的有效机制，形成举报、听证和研讨等形式多样的公众参与制度。依托自然保护区、动物园、植物园、森林公园、标本馆和自然博物馆，广泛宣传生物多样性保护知识，提高公众的保护意识。通过宣传教育，明确野生动植物保护的意义和重要性，影响其地位和趋势的驱动力，当前流行的消费格局对价值、态度和行为的影响，提高对野生动植物价值的认识。建立公众和媒体监督机制，监督相关野生动植物保护政策的实施。

7.6　本章结语

我国是全球生物多样性最丰富的国家之一，特有物种多，区系起源古老。我国拥有高等植物34 291种，居世界第三位，仅次于巴西和哥伦比亚。脊椎动物有6 588种，约占世界总种数的14%。在我国5 000多年的文明发展过程中，有半数的植物为粮食作物、经济作物、果树、蔬菜、牧草、花卉、药材和林木等提供了丰富的种源基因，其中中草药植物有11 000多种。我国野生动植物保护面临很多问题，在气候变化和人类活动的双重压力下，生物物种和遗传多样性丧失趋势没有得到有效遏制，物种生境不断丧失和破碎化，生态系统不断退化。虽然生物多样性保护的意识已空前提高，但保护生物多样性依然任重道远。

自然保护区建设是野生动植物保护的根本措施。我国已经建立了2 750个自然保护区，占国土面积的14.86％，有效保护了约90％的陆地生态系统和85％的野生动物种群，部分珍稀濒危物种种群逐步恢复。在野生动植物保护方面，需要加强以自然保护区为根本的就地保护，还要开展濒危物种拯救工程，加强野生动植物调查编目和监测，开展物种的迁地保护，研究气候变化对野生动植物的影响和适应对策，提高野生动植物保护意识，实现野生动植物保护的主流化。

参 考 文 献

[１]李迪强,宋延龄,欧阳志云.中国林业系统自然保护区系统规划［M］.北京:中国大地出版社，2003：407.

[２]廖谌婳，封志明，李鹏，等.西双版纳不同林龄的橡胶林空间分布［J］.农业工程学报2014（8）：1529-1541.

[３]刘思慧.菲律宾生物多样性现状及其保护策略［J］.世界林业研究，2009（4）：68-71.

[４]卢鹤立，牛安逸，赵金彩，等.基于土地利用变化的西双版纳地区生态系统服务价值评估［J］.江苏农业科学，2014，42（5）：278-281.

[５]杨培君，赵桦，李会宁，等.大熊猫及其森林生态系统生物多样性与保护对策［J］.资源科学，2001，23（2）：49-52.

[６]张佳琦，薛达元.西双版纳橡胶林种植的生态环境影响研究［J］.中国人口·资源与环境，2013，23，159（S2）：304-307.

第8章

人与野生动物：能否共存？[1]

————

XIN**SHIDAI**
SHENGTAI WENMING
CONGSHU

_____

[1] 本章改编于《善治：人与野生动物共存的可能》，该文发表于《人与生物
圈》2018年第5期。

8.1 引言

人与自然和谐共存是生态文明的核心理念。但是一直以来，人与野生动物之间被认为是一对矛盾。这么说有一定依据，历史上就多次发生过"人进兽退"的过程。在地球上，人类的足迹从渔猎时期到今天一直在扩展，导致大量野生动物尤其是体型庞大者的消失或局部消失，如北美洲、澳大利亚、马达加斯加等，通常岛屿受到的影响更加明显。

从全球来看，野生动物的分布与人口格局密切关联。在我国，人口分布格局如同一幅"阴阳太极图"，以著名的"胡焕庸线"，即以 400 mm 降水线为界，其东部是人口密集广为开垦的农业区，西部是人口稀疏的广袤草原、荒漠和山地。我国草原和荒漠面积之和约占全国陆地面积的42%，这么大面积的非农业区为大型动物的生存提供了可能。但值得注意的是，在农业区甚至城市，不少体型较小的野生动物仍然在人类的夹缝中生存，它们往往为人们所忽视。

8.2 中国野生动物分布评估

由山水自然保护中心、朱雀会、辰山植物园、荒野新疆、猫盟和北京大学等多家机构联合开展的"中国自然观察"项目，汇集了中国野生生物已经公开的数据集和已发表的文献资料，根据分布点的信息，用统计模型模拟了1 085个物种的适宜栖息地，主要是国家重点保护物种，或是IUCN濒危物种红色名录中在我国有分布的受胁物种。我们发现，不同类群的分布格局各有不同：兽类主要分布在西部，也就是传统的农业区以外，特别是青藏高原和横断山脉，如大熊猫、藏羚羊和雪豹等，这些地方为大型兽类提供了重要的庇护所。但其他类群的濒危物种，无论是两栖动物、爬行动物、鸟类还是植物，更多分布于东部、南部和东南部。东部和南部拥有更加良好的水热条件，也是其他物种的宜居之地。很多小型物种不需要非常广阔的栖息地，只要条件适宜，哪怕面积很小也能成为它们的立足之地。直到今天，这些物种还在东部与人类聚居区镶嵌而存，因此东部和南部一些人类活动较少的山区或高海拔地区就显得弥足珍贵。目前，这些物种的栖息地已呈现高度片段化分布的状态并被不断蚕食，境况十分艰难。

"中国自然观察"项目对全国已知边界、数量约占全国保护地面积60%以上的国家级自然保护区进行了评估，发现它们在兽类保护方面覆盖率最好。在生态环境部历年发布的生态环境白皮书中常常可以看到这样的表述：我国的自然保护区覆盖了80%～90%以上的物种和生态系统，这里的百分数指的是自然保护区所拥有的物种名录总数，而不是栖息地面积，大多数物种的栖息地只有很小一部分被覆盖。根据《中国自然观察2016》，在国家级自然保护区所覆盖的濒危物种栖息地中，两栖动物平均约占6%，爬行动物约占3%，鸟类和植物各约占2%，兽类约占16%；就森林生态系统而言，国家级自然保护区的覆盖度约为5%。

《中国自然观察2016》评估了1 085个濒危物种在2000—2016年的生存状况，所依据的指标是种群数量及其变化（数据源于已经发表的文献）、适宜栖息地的变化（根据遥感分析）、保护区覆盖度及信息完善程度，结果发现有738个物种的状况变差，245个物种基本维持不变，102个物种向好的方向发展，情况依然严峻，但可以预见，未来变好的物种会逐渐变多。一个突出的问题是信息的缺乏，目前只有极少数物种有种群变化趋势的确切数据，如朱鹮、大熊猫、虎和大象等，其他大部分物种的数据都是基于印象或推测，或者基于不够全面的调查，因此对于判断物种生存状况和制定保护策略而言，更多关于生物多样性种群数量的基础调查研究工作已迫在眉睫。

保护多少算够？2015年，著名生物学家、哈佛大学的教授E.O. Wilson提出了以"半个地球"保护足够的生物多样性、维持地球生态稳定的建议。显然，仅仅靠正规的自然保护区难以做到对"半个地球"的保护。我国划定的重点生态功能区也差不多是国土面积的一半，这些区域目前正在逐步实施一个全球规模最大、覆盖面最广的财政转移支付，也就是生态补偿机制。

我国地理区域广阔，不同地区在物种、人口、经济、社会和文化等方面的多样性丰富，处于不同的发展阶段，因此人与野生动物如何共存在不同区域有着各不相同的情形。我国在不同区域的实践和面临的挑战，对不同发展阶段的国家都可能有所借鉴。下面通过三个实例展示在我国的不同区域人与野生动物共存的可能性。

8.3 人与野生动物共存案例

8.3.1 "熊猫蜂蜜"的启示

四川省平武县是全国大熊猫数量最多的一个县，全国第四次大熊猫调查（2015年）统计结果显示该地有300多只大熊猫。国家自1998年推行天然林保护政策以来，停止了森林砍伐，被砍伐的森林在逐渐恢复。然而遥感分析加实地评估发现，大熊猫最好的栖息地却没有增加。与1988年相比，1998年大熊猫的栖息地面积减少了约11%，可能主要是采伐所致，而2008年又比1998年减少了约9%，令人不解。分析发现，2000年西部大开发以来，平武县城镇化进程加快，采伐停止后开始大兴水电建设，道路的修建和改善方便了游客的进入，王朗国家级自然保护区也不例外，而且这里放牧大大增加。目前来看，在大熊猫栖息地里放牧是一个普遍存在的现象。研究表明，牛马很多时候挤占了熊猫栖息地（图8-1）。

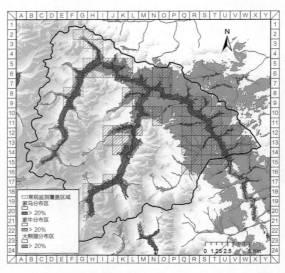

图8-1　王朗国家级自然保护区内牛马分布区与大熊猫栖息地分布

（图片来源：张迪）

另一个关键问题是保护区外的集体林。我国森林面积约占陆地面积的20%，其中一半以上是集体林，对生物多样性保护至关重要。由于集体林属于当地社区，因此其保护要靠当地百姓，最重要的是要找到保护森林为当地百姓带来了什么好处。早在1996年，在WWF的支持下，平武县就开始尝试开展"综合保护与发展项目"（ICDP），试图探索如何让保护和发展双赢。但是当时经历的失败远多于成功，有些当时不错的做法（如生态旅游）后来由于种种原因都没能持续。在世界范围内，许多ICDP都没能达到预期的结果。

这个想法后来在平武县的关坝村得以继续。

关坝村位于几个保护区之间，是熊猫的重要廊道，也是平武县的水源地，这里的村民传统善猎，很多人家饲养了牲畜，对水源有影响。是否能有一个环境友好的收入来替代放牧和打猎？经过调查，山水自然保护中心和关坝村的村民决定通过生产和销售蜂蜜来进行尝试。养蜂是山区农民的传统，蜂蜜来自我国特有种——中华蜂。中华蜂目前也面临濒危的境地，其依靠天然森林中的野生百花产出的蜜是高品位的生态产品，但是当时每千克只卖到10元左右。

从2009年开始，村民组织了养蜂合作社，严把质量关，以比较高的价格在市场上推出了"熊猫蜂蜜"（图8-2），并逐渐见效：先是牲畜被蜂蜜替代；接着，"熊猫蜂蜜"的生产模式吸引了在外打工的年轻人返乡，他们见过世面、思路开阔，不仅承担了合作社的管理运营，还决定成立一个NGO，把村子里的集体林建成一个保护小区，定期巡护监测野生动物。平武县林业局对此非常认可，干脆将毗邻的一块有林权争议的国有林也让关坝村村民来管理保护，并划拨了一部分保护经费，两片森林合并成了现在的关坝流域自然保护小区，并在县里完成了注册。几年下来，熊猫和野生动物离村子越来越近，保护出现成效。现在村里的各种分红都与保护行为挂钩，保护已经成为村民的主动行为。下一步，关坝村的年轻人正在恢复河里价格不菲的冷水鱼，既能保护生态又是可持续利用的资源。他们的愿景是让关坝村成为人们观察自然与野生动物、享受乡村生活的目的地，把可持续的生计、美好的生态与良好的生活融为一体。

图8-2 自然产品："熊猫蜂蜜"

（左图来源：北京山水伙伴文化发展有限责任公司，右图来源：郑岚）

8.3.2　三江源案例

尽管亚洲是世界上人口密度最高的大陆，但在亚洲的核心地带却存在着一个大型的无人区，如同一方孤岛，它就是青藏高原，其中的可可西里及羌塘北部是无人区，而三江源的大部分地区则是人类、牲畜和野生动物犬牙交错的地带，这里的高寒草甸有着几千年的放牧历史。

青藏高原与西南山地共同组成了全球大型食肉动物种类最丰富的区域，可以看到灰狼、豺、豹、雪豹、云豹、猞猁、棕熊及黑熊这八种动物。

在三江源，北京大学自然保护与社会发展研究中心与山水自然保护中心曾经在同一个红外相机位点拍摄到雪豹、豹、棕熊和猞猁，多种大型食肉动物的同时存在表明这里拥有完整的食物链。一只雪豹要有几百只岩羊种群供养，而岩羊又需要一大片草原支持。在青藏高原上，动物之间有着复杂的关系，食草动物，如鼠兔、岩羊、盘羊、野牦牛、藏羚羊和藏野驴等都是家畜的竞争者。目前，打猎大大减少，一些野生动物数量得以恢复，如岩羊数量的恢复使捕食者雪豹大为受益，还有的野生动物数量维持不变，但仍有个别野生动物（如盘羊）的数量似乎在减少。目前的研究还不足以说明青藏高原大部分物种的变化趋势。北京大学和山水自然保护中心在三江源建立了野外工作站，旨在进行长期的生态学研究，探究这个生态系统中野生动物之间、动物与草原和家畜之间的关系及其变化。初步的研究发现，对于岩羊和雪豹而言，限制岩羊数量的主要是雪豹而不是草原；牲畜已经明显受到草原的限制，当前岩羊和牲畜的竞争关系并不明显，可能岩羊和雪豹栖息于牧民较少涉足的峭壁上，形成了生态位的分离。

尽管如此，雪豹和牲畜之间依然存在冲突，从而引起报复性猎杀。2009—2012年对雪豹分布区生活的140多户牧民的抽样调查发现，每年因狼和雪豹等野生动物对家畜的捕食（图8-3）造成每户损失约15头家畜，价值约为2.8万元。

当地居民对野生动物肇事的忍耐性很高。他们长期生活在野生动物中间，加上这里是藏传佛教地区，拥有完整的神山圣湖体系，信奉众生平等的教义。在与村民的谈话中有不少人表示，"雪豹是食肉动物，吃牲畜也是天生的。"雪豹是幸运儿，它们的分布区和藏传佛教分布区高度吻合，是大型猫科动物中最有希望获得保护的物种。

图8-3　雪豹捕食家畜

（图片来源：山水自然保护中心，由当地牧民拍摄）

尽管如此，因保护带来的生计损失也不应仅由牧民承担。在澜沧江源区，山水自然保护中心与杂多县政府和三江源国家公园合作，示范对人兽冲突的损失进行补偿。做法是共建一个人兽冲突保险基金，涉及一个村的198户村民、8 548头牦牛。该基金由村民投保，由NGO和政府投入，汇集的资金由村民组织起来进行自我管理，包括肇事审核、确定补偿规则和金额，如因放牧管理不善造成的损失不予补偿，管理好的则给予奖励，目的是加强牧民对牲畜的管理，防范野生动物肇事。一年下来共对200多起肇事进行了补偿，补偿金约为20万元，虽然补偿数额低于牲畜的市场价格，但大大提高了牧民的满意度。

进一步来看，如果牧民能从保护中受益，那保护就会成为更加主动的行为。三江源国家公园体制建设的一个创新就是为1.6万户园内居民每户提供一个公益管护员的就业岗位，明确了百姓作为保护主体的身份，而且进一步解决了贫困问题（每人每月有1 800元左右的收入）；同时，由于保护与佛教传统文化理念高度吻合，因此又让百姓的精神需求获得了极大满足，可谓一举三得，大家的工作热情非常高涨。公益管护员的工作之一是开展巡护监测。在示范区内，村子开展了网格化的生物多样性监测，在每个5 m×5 m的格子中安放1台红外相机，由专人管理。这个数据不但可以用于科学研究和评估三江源国家公园的保护成效，也成为当地人知情、自豪感和保护行动的重要驱动力。此外，当外界有感兴趣的人士来这里观察野生动物时，村民经过培训可以成为很好的自然导赏员，并从中获得收入。由22户牧民组成的合作社成功地示范了自然体验的运行，成为三江源国家公园第一批授予特许经营权的主体，开始从保护中受益。

由此可见，三江源人与兽之间的关系从冲突到忍让再到互惠，是可以经过努力而改善的。

8.3.3　北京大学校园案例

在繁华的大都市，野生动物也能有一席生存之地。北京大学面积只有1 km²左右，人口超过5万人，可谓高密度人类聚居区。10多年前，在老校长许智宏院士的支持下，学校没有让校园绿地全部变为整齐划一的西式草坪，而是让它们依自然之势生长，保留了大量的天然植被。作为中华传统建筑和园林文化结晶的燕园因此成为很多物种的庇护所（图8-4）。在过去的15年里，由北京大学的学生和老师们自发开展的连续监测，记录了至少219种鸟类、500种植物，还有兽类、鱼类、两栖爬行类、蝴蝶和蜻蜓等。最近，北京大学通过了建立校园自然保护小区的决定。

图8-4　北京大学校园中的人与自然

（图片来源：马超）

8.4　本章结语

　　环境领域有一个"环境库兹涅茨曲线"的假说，认为人们对环境和资源的消耗在人均GDP增长到一定程度时才会出现拐点，而对世界不同地区的研究表明，这个拐点一般出现在人均GDP在8 000美元左右。本章的三个案例中，北京大学的案例也许符合"环境库兹涅曲线"的特点——北京的人均GDP在2008年以前已达到8 000美元的水平，北京大学校园自然保护小区主要是由当地居民，即师生们自发和自愿推动的。最近，北京市政府也提出了要改变城市绿地"绿而不活"的现状，把以城市生物多样性的恢复和保护作为城市环境质量和生活品质提升的目标纳入了议事日程。然而，关坝村和三江源地区的人均GDP远远低于8 000美元，当地的传统文化和人民对美好生活的成就感的追求有可能导致"环境库兹涅茨曲线"拐点的提前到来。可见，在不同地理、经济和文化背景下，无论乡村还是城市、东部还是西部，人与野生动物和谐相处的驱动力和方式各不相同，关键之举是发掘和创造有地区针对性、来自市场和政策的激励机制。

　　"半个地球"的梦想是有希望的。

第9章

新时代中国国家公园
建设[1]

————

XIN SHIDAI 🍃
SHENGTAI WENMING
🍃 CONGSHU

----

[1] 本章根据作者2017年12月17—18日在清华大学举办的"生态文明国际学术
论坛"上的发言整理，相关内容反映了发言时的制度和政策进展情况。

9.1 引言

国家公园体制是生态文明建设中的关键环节。自1872年全球首个国家公园——黄石国家公园被美国国会批准建立，迄今为止已有193个国家和地区建立了国家公园。虽然不同的国家和地区对于国家公园的概念有不同的理解，但各个国家和地区设立国家公园的目的和属性是共同的，即以实现自然生态的代际保护、彰显民族自豪感为目的，强调全民公益性，并将国家公园作为保护地和公众的媒介。国家公园作为统筹协调生态环境保护与资源利用的管理模式，已经被国际社会和国内各界广泛认可。目前，我国政府决定建立"以国家公园为主体的自然保护地体系"，以为根本解决体制机制中的深层矛盾和问题，最终建立系统、高效、健康的中国自然保护地体系提供良好契机。

9.2 世界国家公园运动的发展概况

9.2.1 国家公园概念的起源

1832年春天，美国艺术家乔治·卡特林（George Catlin）再次出发考察美国西部，他以绘制印第安部落酋长的系列油画而知名，这次他的目标是"优雅和美丽的自然"。他想在美国西部大规模开发过程中，用笔和油画刷捕捉西部之美。那是一个风和日丽的五月天，在前往黄石寻找密苏里河源头的路上，卡特林在南达科他州皮尔堡（Port Pierre）邂逅了一队当地印第安人的部落，他们正在大肆猎杀野生水牛以换取欧洲殖民者手中的威士忌。这让他加深了自己的判断：印第安文化、北美水牛和美国荒野即将灭绝。在这种深刻的忧伤情绪下，他写下两段话："它们可以被保护起来，只要政府通过一些保护政策设立一个大公园（a magnificent park）。""这是多么美丽而激动人心啊，为美国有教养的国民、为全世界、为子孙后代保存和守护这些标本。国家公园中有人也有野兽，所有的一切都在自然之美中处于原始和鲜活的状态。"

1870年的盛夏，一支19人的探险队在1个多月的时间内对黄石荒野的奇景奇遇不断发出惊叹，9月19日动身回家的前夜，他们在一堆篝火旁开始讨论黄石的未来。大多数成员准备申请间歇热泉和黄石瀑布周围土地的私有权，因为这些土地会带来大笔旅游收入。但康奈利·亨吉斯（Cornelius Hedges），一位正在主持蒙大拿州历史协会的律师提出了不同意见：黄石不能被分割成碎片，不能被商业投机所垄断，取而代之的是，它应该成为一个国家公园。其后一年多的时间内，在他和很多有识之士的共同推动下，1872年3月1日美国总统签署法令将怀俄明州西北部超过8 100 km²的土地划为黄石国家公园——世界上第一个国家公园就此诞生。

9.2.2　从国家公园到保护地体系

从1872年至今，国家公园运动从单一的国家公园概念衍生出"国家公园与保护地体系""世界遗产""生物圈保护区"等相关概念，从美国一个国家发展到世界上193个国家和地区，国家公园概念本身也从公民风景权益和朴素的生物保护扩展到生态系统、生态过程和生物多样性保护。IUCN认为，国家公园是保护地体系中的一个类别，并将保护地（protected area）定义为"通过立法或其他有效途径识别、专用和管理的有明确边界的地理空间，以达到长期自然保育、生态系统服务和文化价值保护的目的"，将国家公园定义为"大面积自然或近自然区域，用于保护大尺度生态过程及这一区域的物种和生态系统特征，同时提供与其环境和文化相容的精神、科学、教育、娱乐和游览的机会"。国家公园是保护地中的一种类型，是自然保护地与公众之间的媒介和窗口。根据联合国环境规划署——世界自然保护监测中心（UNEP—WCMC）和IUCN于2012年联合发布的报告，截至2010年全球保护地总面积约占地球陆地总面积的12.7%，国家公园总面积约为509万km²，占地球陆地总面积的3.42%。

9.2.3　全球自然保护地基本数据

IUCN将全球自然保护地分为6个级别：①严格的自然保护区/荒野保护区；②国家公园；③天然地貌保护区；④物种栖息地；⑤大地景观/海洋景观保护地；⑥受管理的资源保护区。

据IUCN自然保护地绿色名录（2014年）统计，全球共有209 429处自然保护地，面积为32 868 673 km²，占陆地面积的15.4%和海洋面积的3.4%。其中，最大的陆地自然保护地是丹麦的东北格陵兰岛，面积约为72万km²；最大的海洋自然保护地是法国的珊瑚海国家公园，面积约为129万km²。根据《2014年保护地球报告》，在符合IUCN分类标准的自然保护地中，大约26.6%的面积属于国家公园这一类别。

9.3 我国自然保护地的发展历程、机遇与挑战

9.3.1 我国自然保护地的类型

在2013年开始国家公园体制建设前，我国主要的自然保护地类型有10类，按照出现的先后次序依次为自然保护区（1956年）、风景名胜区（1982年）、森林公园（1982年）、世界遗产（1987年）、地质公园（2001年）、水利风景区（2001年）、湿地公园（2005年）、城市湿地公园（2005年）、海洋特别保护区（2011年）和海洋公园（2011年）。其中，国家级自然保护区和国家级风景名胜区由国务院批准设立，其余各个类型由国务院不同的职能部门命名。

9.3.2 我国自然保护地发展的三个阶段

缓慢发展期（1956—1978年）：以1956年建立的广东鼎湖山自然保护区为标志，1956—1978年全国共有34处保护区，占国土面积的0.13%，平均每年设立的自然保护地仅有1.6处，且类型单一，只有自然保护区1种类型。

高速发展期（1979—2013年）：自然保护地数量高速增长，种类逐年增加，加入了重要的自然保护方面的国际公约和国际项目；各种类型的自然保护地数量达到7 403处，增长了218倍；自然保护地面积占国土面积的18%，增长了131倍；平均每年命名的自然保护地309处，增长了193倍；类型从1类发展到10类。

全面改革期（2013年至今）：以建立国家公园体制为契机，通过全面深化改革，打破各种体制机制弊端，突破各种固化利益的藩篱，为当代和子孙后代建设了

整体性强、协同度高、健康高效的中国自然保护地体系。

9.3.3 我国自然保护地存在的问题

虽然我国自然保护地在数量方面发展得比较充分，类型也基本覆盖了自然保护地的所有重要领域，但其质量和管理仍存在结构性缺陷。彭琳等人总结了我国各类型自然保护地的立法级别、指定机构级别的比较，见表9-1。总体而言，存在不成体系、整体性差、协同度低、内耗低效等问题，具体表现在质量和管理两个方面。

一是质量方面的问题，即空间分布问题。尚未形成合理完整的自然保护地空间网络，孤岛化、破碎化现象严重，大部分边界划定没有经过充分的科学论证和完整性分析，对自然保护地之间的连接问题重视不够，自然保护地边界范围内重要素性保护、轻整体性保护。

二是管理方面的问题，即体制问题。尚未形成协同高效的自然保护地体系和管理制度，存在部门之间竞相圈地，重设立、轻管理，一地多名、多头管理，立法质量不高或法律法规之间存在矛盾冲突等诸多问题。

表9-1　各类型自然保护地的立法级别、指定机构级别的比较

类型	保护地名称	专门立法级别	指定机构级别	专门管理机构	数量	面积/万hm²	占国土面积的比例/%
属于禁止开发区的保护地（保护强度较高）	国家级自然保护区	◎	●	●	407	9 586.4	9.95
	国家级风景名胜区	◎	●	●	225	1 036	1.08
	国家级地质公园	○	◎	◎	223	不详	—
	国家级湿地公园	○	◎	●	429	1 892	1.96
	国家级森林公园	○	◎	●	779	1 048.1	1.09
	国家级海洋特别保护区（含国家级海洋公园）	○	●	●	56（30）	690	2.3

类型	保护地名称	专门立法级别	指定机构级别	专门管理机构	数量	面积/万hm²	占国土面积的比例/%
未被纳入禁止开发区的保护地（保护强度较低）	国家级水产种质资源保护区	○	◎	◎	428	不详	—
	国家级畜禽遗传资源保护区	○	◎	◎	22	不详	—
	国家矿山公园	×	◎	◎	72	不详	—
	国家级水利风景区	○	◎	◎	588	不详	—
其他有保护性质的用地	饮用水水源保护区	○	◎	×	不详	不详	—
	国家级水土流失重点防治区（含预防保护区）	×	●	×	23	4 392.094	4.56
	国家级生态功能保护区（国家重点生态功能区）	×	●	×	25	38 600	40.07
	国家典型地震遗址	×	◎	×	6	不详	—

注：①专门立法级别包括法律●、行政法规◎、管理办法或规定○、无（指南）×；

②指定机构级别包括国务院●、国家行政部门◎、地方政府或政府部门○；

③专门管理机构包括必须设立专门的管理机构●、根据情况考虑是否设置◎、无专门管理机构×；

④海洋特别保护区占国土面积的比例按照300万km²计算，其余按照保护区占陆地国土面积（963.4057万km²）计算。

9.4 新时代中国国家公园定位

9.4.1 "生态生代"和"人类世"

"生态生代"（ecozoic era）的概念由人文学者Thomas Berry 于1999年提出，

他认为继地球古生代、中生代和新生代之后，人类正在迎来"生态生代"，即"人类以共同受益的方式存在于地球上的一个时期"。在这样的背景下，"我们的教育机构不应当把目标放在为开发地球去训练专业人员上，而应当引导学生去建立与地球的亲密关系。"

"人类世"（anthropocene）由诺贝尔化学奖得主Paul Crutzen 于2000年开始倡导，它意味着人类已经深刻影响了自然系统，人类对未来方向的选择将会决定地球和自己的命运。在"人类世"中，只有以可持续的态度和方法管理地球上的每一寸土地，才能保证人和地球拥有乐观的未来。

技术活力与地球活力、全球化与地域活力之间的矛盾尖锐，气候变化与人类活动之间的关联，化石能源的广泛应用与新能源带来的机会，大数据与信息化，绿色革命、可持续发展和绿色发展等都成为"生态生代"和"人类世"的时代特征。

9.4.2　生态文明与美丽中国

党的十五大报告首次提出"两个一百年"奋斗目标：在中国共产党成立一百年（2021年）时全面建成小康社会，在新中国成立一百年（2049年）时建成富强民主文明和谐的社会主义现代化国家。党的十九大报告指出，"中国特色社会主义进入新时代，我国社会主要矛盾已经转化为人民日益增长的美好生活需要和不平衡不充分的发展之间的矛盾。"

生态文明是建设中国特色社会主义事业"五位一体"总体布局的重要组成之一，事关"两个一百年"奋斗目标和中华民族伟大复兴中国梦的实现，对于努力建设美丽中国具有十分重要的理论意义和现实意义。党的十九大报告指出要加快生态文明体制改革，建设美丽中国。我国也确实在生态文明建设上投入了大量的精力，取得了丰硕的成效：党的十八大以来的5年，是我国生态文明体制改革密度最高、推进最快、力度最大、成效最多的5年，生态文明作为国家战略的推进，其覆盖范围之广、力度之大、意志之坚定在我国历史上是没有的，在世界范围也是罕见的。

9.4.3 国家公园在新时代的定位

国家公园是生态文明综合先行示范区，具有生态系统的完整性、原真性特征，是将中央顶层设计与地方具体实践相结合、集中开展生态文明体制改革综合试验的天然载体。

国家公园是国家的生态安全屏障，以完整的生态系统保护作为首要目标，是生态文明的基础设施，是国家可持续发展战略的重要保障，承担着生态安全和自然资源保护的核心任务。

国家公园是最美丽的中国国土和海域，以其为代表的自然保护地是我国最美丽的国土和海域，是中国梦的华彩乐章，是全民福利的物质基础。未来的中国国家公园应属于最高审美品质的国家自然遗产或文化与自然混合遗产。

国家公园是国家生态形象最生动具体的发言人，是与国民最亲近、公众影响力最大的保护地类型，是国家形象的代言者和软实力的体现，是自然保护地与公众之间的媒介和窗口，是国民生态和环境教育的最佳场所，它以全民公益性、代际公平和国家（民族）自豪感为主要特征，能够代表国家形象，能够激发中华民族自豪感和国家认同感。

国家公园是自然保护地体系的主体，是在世界上100多个国家广泛实践和行之有效的保护地类型，是最美丽的国土，是我们从祖先手中继承下来、需要真实完整地传递给中华民族子孙万代的"王冠上的明珠"。党的十九大报告也提出"建立以国家公园为主体的自然保护地体系"，因此国家公园是当之无愧的自然保护地体系的主体。

国家公园是生态系统服务中不可或缺的提供者，是国家可持续发展战略的重要保障。国家公园和自然保护地除了在生物多样性和生态系统保护方面发挥着不可替代的作用，还与人类的生活密切相关，为人类提供了干净的水源、清洁的空气、无穷的氧气和抗生素等药物，能有效减少或缓解雾霾、沙尘暴和泥石流等自然灾害的发生频率或影响范围。在应对气候变化方面，国家公园和自然保护地也发挥着极为重要的作用。据统计，世界上的国家公园和自然保护地可以吸收并储存地球上15%

的碳。

国家公园对经济建设、政治建设、文化建设和社会建设的作用也不容小觑。国外经验表明，国家公园在经济稳定方面发挥了重要的作用。在基础设施、房地产等基本饱和的情况下，我国目前正在寻找新的政府投资方向和就业增长点，以国家公园和自然保护地为载体的生态与自然保护、户外环境教育和（严格保护前提下的）国民游憩无疑可以成为重点考察研究的对象之一。国家公园是国家认同感和民族自豪感的物质载体，是对全体国民，尤其是青少年进行生动活泼的环境教育和科普教育的最佳场所，可以在提高国民科学、文化素养方面发挥重要作用。作为一项公益事业，在充分保护的前提下，国家公园有潜力成为全体国民公平公正的一项社会福利，成为"惠民生"战略中惠及面大、代价小、可操作性强的一项措施。

9.5 新时代中国国家公园的定义、内涵、建设与难点

9.5.1 中国国家公园的定义

2017年9月26日，中共中央办公厅、国务院办公厅印发的《建立国家公园体制总体方案》提出了对我国国家公园的基础性要求，包括国家批准设立、边界清晰、保护目标为大面积生态系统等内容。

综合《中共中央关于全面深化改革若干重大问题的决定》《生态文明体制改革总体方案》《建立国家公园体制总体方案》《中共中央　国务院关于加快推进生态文明建设的意见》等与国家公园体制建设相关的政策、文件的规定及IUCN和美国、加拿大、新西兰等海外国家的相关经验，针对中国国家公园，本节给出了如下定义：国家公园是指由中央政府批准设立并行使事权，边界清晰，以保护具有国家代表性、原真性和完整性的大面积生态系统、大尺度生态过程及自然遗迹为主要目的，实现科学意义上最严格保护的特定陆地或海洋区域。

9.5.2 国家公园体系在人地关系中的位置

根据人地关系将土地按照人类使用的强度从低到高依序分为10个类型：

严格自然保护区、荒野保护区、国家公园、动植物栖息地/天然地貌保护区、景观保护区、旅游度假区/受管理的资源保护区、农业用地/畜牧业用地/其他非城镇用地、镇/中心村、小城市和中心城市（图9-1）。其中，严格自然保护区是指拥有杰出或有代表性的生态系统，其特征或种类具有地质学或生物学意义；荒野保护区是指自然特性没有或只受到轻微改变的辽阔地区，没有永久性或明显的人类居住场所；国家公园是指为当代或子孙后代保护一个或多个生态系统的完整性，排除与保护目标相抵触的开采和占有行为，提供在环境和文化上相容的精神、科学、教育、娱乐和游览的机会；动植物栖息地是指通过积极的管理行动确保特定种群的栖息地或满足特定种群的需要；天然地貌保护区是指拥有一个或多个具有杰出或独特价值的自然地貌地区，这些价值源于它们所具有的稀缺性、代表性、美学品质或文化上的重要性；景观保护区是指具有重要的自然和文化景观多样性的地区；受管理的资源保护区是指没有受到严重改变的自然系统，通过有效管理在保护生物多样性的前提下同时满足社区需要，并可提供自然产品和服务。

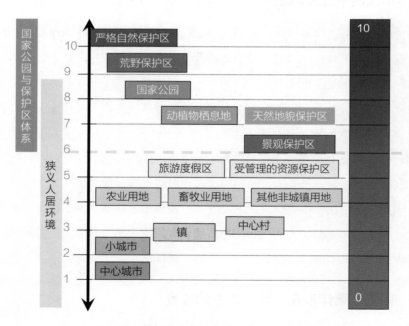

图9-1　国家公园在人地关系中的位置

显然，国家公园是执行最严格科学保护的一类自然保护地，以保护完整的生态系统或生态过程为首要目标，允许提供在环境和文化上相容的精神、科学、教育、访问的机会，但这种访问机会仅作为国民福利而提供。

9.5.3　中国国家公园建设以来的主要进展

自2015年《建立国家公园体制试点方案》发布以来，国家公园体制试点工作正式启动，到目前为止已取得了如下的主要进展。

一是从建立国家公园体制到建立以国家公园为主体的自然保护地体系。2017年10月，党的十九大报告明确提出"建立以国家公园为主体的自然保护地体系"，实现了从"国家公园体制"到"以国家公园为主体的自然保护地体系"的提升，标志着我国在自然保护地体系领域的重大突破和飞跃。

二是国家公园"三大理念"的提出。2017年9月，中共中央办公厅、国务院办公厅印发《建立国家公园体制总体方案》，提出"树立正确国家公园理念"，即坚持生态保护第一、坚持国家代表性、坚持全民公益性。

三是建立了10个国家公园体制试点。2015年6月，国家公园体制试点工作启动，拉开了我国国家公园实践探索的序幕。截至目前，已设立青海三江源、东北虎豹、大熊猫、祁连山、湖北神农架、福建武夷山、浙江钱江源、湖南南山、云南香格里拉普达措和北京长城共10个国家公园体制试点区，涉及12个省份。

四是设立统一的管理部门。2018年，中共中央印发《深化党和国家机构改革方案》，将分散在多个部门的自然保护地管理职责进行整合，组建国家林业和草原局，加挂国家公园管理局牌子，全面履行国家公园及各类自然保护地的管理与监督职责，国家公园与自然保护地体系的建立迈出了崭新而坚实的一步。同时，设立自然资源部、生态环境部，使之成为国有自然资源资产管理和自然生态监管机构。

五是部分国家公园实现中央事权。部分国家公园的全民所有自然资源资产所有权由中央政府直接行使，中央政府直接行使全民所有自然资源资产所有权的国家公园的支出由中央政府出资保障。

六是建立社区共管机制。部分已设立的国家公园体制试点区探索了其内部社区和周边社区的国家公园管理部门与当地政府的社区共管机制，试点区在保护、监测、管理、生态体验和环境教育等方面已开展了社区共管的初步尝试。

中国国家公园与自然保护地体系的改革关键在于能否将国家公园与自然保护地提升到国家环境社会经济发展总体战略的高度认识，中央政府是否有足够的财政投入，是否能够坚决破除各方面体制机制弊端，是否能够坚决突破各种固化利益的樊篱。衡量我国自然保护地体系建设好坏的标准包含结构的整体性、要素之间的协同性、功能的有效性和制度的良性运转，主要是看改革后的国家公园与自然保护地体系是强化还是削弱了中国自然和生态保护的整体性、协同性、有效性和可靠性，是减少各种类型保护地的问题还是增添了新的问题，是减少了内耗还是增加了内耗；对于新设立的国家公园，主要看是否能体现出保护第一和全民利益第一。

9.5.4　国家公园体制建设的难点和要点

我国国家公园体制建设的难点和要点在于权责利的清晰化，包含各级政府的权责利、社区的权责利、各个部门的权责利、国民的权责利和其他利益主体的权责利。上述难点和要点的解决在于妥善处理以下九对关系。

一是"一与多"，即国家公园与保护地体系之间的关系。在推进国家公园体制建设的同时，需要"坚决破除各方面体制机制弊端"，根本解决中国自然保护地管理中的深层问题和矛盾，建立更加注重"系统性、整体性、协同性"的中国自然保护地体系。

二是"存与用"，即国家公园体制建设中如何处理保护和利用之间的关系。在保护的前提下，国家公园同时提供作为全民福利的公益性国民教育和休闲的机会；同时应注意，即使为了全民福利，国家公园内的各种人类活动、人工设施和土地利用也都应以国家公园的价值及其载体得到完整保护为前提。

三是"前与后"，即代际关系。一切目标、战略和行动计划的制订，不仅要符合当代全体国民的利益，也要关注子孙万代的福利。

四是"上与下"，即中央政府和各级地方政府之间的关系。我国如果要建立真正意义上的以全民公益性为目标的国家公园，中央财政的直接投入、中央政府的直接管理是必要条件。中央与地方应该形成一种"倒金字塔"的管理责任结构，即中央政府的责任最重，地方加以配合。

五是"左与右"，即不同职能部门之间的关系。左右关系中，长期以来形成的突出矛盾和问题，在宏观上表现为各种自然保护地职能部门条块分割、各自为政、缺乏有效沟通和合作，在微观上表现为自然保护地个体往往"一地多名"。宏观层次解决这一突出矛盾的最佳途径是在中央政府层级设立中华人民共和国国家公园和保护地管理局，统一行使全民所有自然资源资产所有者职责；微观层次解决问题的原则是"界权统一"，即根据资源特征为每一个保护地确定唯一类别，从而实现"一地一名，分类管理"的目标。

六是"内与外"，即保护地边界内部和外部之间的关系。它包含了保护地内外的各种自然、经济、社会和文化联系，其中尤其应关注社会联系中的社区问题，即保护地边界内外社区之间发展机会的不平衡问题，以及可能由此衍生的各种保护管理问题。在国家公园体制建设过程中，处理内外关系应当秉持"权责利"平衡的方针，通过建立"生态补偿专项资金"和"社区发展专项资金"等方式，形成自然保护地和周边的良性互动局面。

七是"新与旧"，即新建保护地类型与已有保护地类型之间的关系。应进一步明确不同保护地类别的功能，如自然保护区的管理应该更靠近IUCN保护地类别中的Ia"严格的自然保护区"类别，更加强调对生物多样性及地质、地貌的严格保护；风景名胜区有条件成为IUCN中的第Ⅴ类风景保护地的典范；地质公园、森林公园等其余各类自然保护地也应该根据其资源特征确定它们的功能和保护管理的首要目标。国家公园应同时满足国家代表性、原真性、完整性和适宜性的条件要求，无论是从已有保护地产生还是以新建保护地方式建立的国家公园，均将不再拥有或不再授予其他实质性保护地名称。其他潜在的自然保护地新类型也应设立符合各自资源特征的准入标准，并根据这些标准从现有自然保护地中划入或以新建方式设立。

八是"公与众"，即公共管理部门和其他利益团体之间的关系。与国家公园体制相关的"众"，除保护地内外社区外，主要包括全体国民、相关企业、公益组织、教育科研机构和媒体等。公与众关系的难点在于国家公园和保护地内公共管理和企业经营之间的矛盾和冲突，企业在国家公园内的商业行为应该受到公共管理部门严格、公开和透明的监管，决不允许出现企业"绑架"国家公园的现象，在此前提下企业参与国家公园运营的积极性和合法利益应该得到保护。在体制设计中，应该鼓励公益机构、教育科研机构和媒体在监督、宣传、教育、科研和社区管理等方面发挥重要作用。

九是"好与快"，即国家公园制度质量和国家公园制度建立速度之间的关系。质量第一，速度第二，需要谋定而动。在完善的、高质量的国家公园制度出台之前，首先应该暂停地方政府和职能部门对"国家公园"的命名，暂停国家级自然保护地内的重大工程规划和建设。其次，应组织高水平力量就国家公园体制建设中立法、机构建设、技术标准、社会支持、规划管理、资金管理和能力建设等问题进行全面、深入和系统的研究，对国家公园的空间分布进行规划、制定建立完善中国国家公园和保护地体系的路线图，并评估其环境、社会和公众影响。在此基础上，组建中华人民共和国国家公园和保护地管理局，推动国家公园和自然保护地法尽快出台，从而最终完成在建立中国国家公园制度的同时完善中国自然保护地体系的任务。

9.5.5　国家公园体制建设的制度内容

1. 机构改革

由国务院在行政体制改革过程中成立中华人民共和国国家公园和保护地管理局，全面负责中国的国家公园和自然保护地管理事宜。该局可由国家相关权力机构涉及自然保护地的部门组建而成。建议出台国家公园与自然保护地管理法，并明确该局作为中国自然保护地最高管理机构的法律地位、使命和基本管理政策。

各省（区、市）一级政府在省一级政府成立自然保护地管理局，全面负责本省的自然保护地用地管理工作。该局可由生态环境、自然资源、建设、林草、地质矿产和水利等机构中与自然保护地相关的部门重组而成，业务上受中华人民共和国国家公园与保护地管理局的领导或指导。

将自然保护区、风景名胜区、地质公园、森林公园、世界文化和自然遗产地等各类自然保护地的相关职能、人员划归管理局。筹建区域型国家公园和自然保护地管理部门，作为中华人民共和国国家公园和保护地管理局的派出机构。由中华人民共和国国家公园和保护地管理局直接委派国家公园园长和主要管理人员。

中央政府在中央层面成立国家公园和自然保护地专家委员会，省级政府在省一级层面成立自然保护地专家委员会，聘请长期从事国家公园与自然保护地研究的专家学者担任委员。专家学者的学术背景应该多样化，至少包括风景园林学、区域规划、生态学、动物学、植物学、地理学、地质学、经济学、管理学、社会学方面。专家委员会的定位是政府决策咨询机构，在资金方面保持相对的独立性，可以由国家财政拨款或争取国内外非营利环保组织的资金支持。

建立自然保护地首席科学家及其团队制度，各国家公园管理单位应聘请首席科学家团队，将科学研究作为制订保护管理计划的依据。首席科学家可由高等院校和研究机构的专家学者、经验丰富的保护地管理人员、杰出的非政府组织成员等兼职担任，团队专业背景应涵盖多个学科，包括风景园林学、生态学、环境学、林学、动植物保护学等。各国家公园应根据保护资源特征确定首席科学家团队的组成，并确定一位首席科学家，根据实际需要还可以加入文化遗产保护领域的专家及环境法律法规方面的专业人士，从而使与国家公园管理政策之间的衔接进一步强化。

建立决策问责机制，对管理者和专家实行终身问责，对重大决策失误的当事人追究责任。

2. 法治建设

基本法方面，由全国人大尽快制定实施国家公园与自然保护地管理法，作为国家公园与自然保护地的基本法，明确国家公园与自然保护地的内涵、重要性和法律地位，明确内部行政管理机构及其使命、责任和智能，明确基本政策，明确国家公园与自然保护地管理体系与其他相关法律主体之间的关系。

专门法方面，由全国人大制定以国家公园与自然保护地特许经营法为代表的各类自然保护地专门法，构建中国自然保护地专门法的法律体系。

一区一条例方面，由全国人大和省级人大按照轻重缓急的顺序，分期分批地分别为国家公园、国家级自然保护地、省级自然保护地和省级以下自然保护地制定针对各保护地的授权法，明确各保护地的使命、边界、管理方针，并针对每一自然保护地的历史遗留问题作出相应的法律规定。建议全国人大从世界遗产地的立法开始。

3. 补偿机制

一是建立国家公园与自然保护地建设补偿基金。在国家财政的专项账户内设立国家公园与自然保护地建设补偿基金，切实保证资源保护方面的资金投入，防止出现空喊保护优先但无资金投入或资金投入极少的现象。

二是建立国家公园与自然保护地社区发展基金。在国家财政的专项账户内设立国家公园与自然保护地社区发展基金，以激励当地社区保护资源的积极性，并保证保护单位周边稳定的、善意的、协调的环境。

4. 技术支持

规范标准制定方面，国家市场监督管理总局应尽快组织相关高等学校和科研机构开展国家公园和自然保护地体系分级评价标准、分类管理标准、总体规划、资源分类管理政策等研究工作。国家级自然保护地的入选标准要从严制定。

卫星数字监控系统建设方面，利用3S技术对国家公园和自然保护地进行实时动态监控，利用监控系统反馈的信息及时调整国家公园和自然保护地的各项管理政策与部门标准。

动态信息网络建设方面，建立中国国家公园和自然保护地管理信息网络，利用管理信息系统（MIS）技术全面收集、整理、分析中国国家公园和自然保护地资源和管理信息，使其成为保护、规划、管理和决策的信息平台。

环境、社会、生态与视觉影响评价机制方面，建立中国国家公园和自然保护地管理体系环境、社会、生态与视觉影响评价机制，强制所有自然保护地内的重大建设项目必须进行环境影响评价、社会影响评价、生态影响评价和视觉影响评价。

5. 社会支持

一是建立公众参与机制。引进听证制度，强化公众意见的法定权利。对公民普遍关心的国家公园和自然保护地的体系管理政策、总体规划、重大项目计划（包括税费标准）进行公示和听证，在决策阶段充分征求利益相关方的意见和建议。

二是实施全民环境教育计划。通过媒体、展览等各种形式向国民尤其是当地居民宣传国家公园和自然保护地的重要性，以及国家公园与他们之间的密切关系，增强全民的保护意识。

三是实施中小学国家公园课程计划。结合自然保护、环境保护、民族历史文化和可持续发展等内容，在小学、中学阶段设立国家公园与自然保护地保护方面的课程内容，对下一代进行全面的资源保护教育，提高全民族对自然遗产的保护意识。

四是建立国家公园志愿者机制。从社会尤其是大学生、研究生中招募自然保护志愿者，安排他们定期到自然保护地承担相应保护、管理和研究任务。建立志愿者机制，一是可以减轻国家财政负担，二是可以提高解说质量，三是可以增强全面保护意识。

6. 规划管理

中华人民共和国国家公园和保护地管理局拥有国家公园和国管自然保护地的规划编制权、保护项目和设施建设审批权，应为国家公园及每一个国家级自然保护地编制总体管理规划。

7. 运营机制

一是实行特许经营制度，采取招投标的方式确定各级保护和控制区域内的经营单位，并要提高投标过程中的透明和公正程度，同时要严格注意禁止形成特许垄断经营。

二是向资源依托型企业收取资源使用费，凡依托资源经营的餐饮企业、索道公司、宾馆等商业性机构，不论其在保护区域的内部或外部都应交纳资源使用费。资源利用程度越高、环境负面影响越大，资源使用费的费率越高。

三是采用地役权（Easement）等协议制度取得非国有土地的管理运营权，尽快开展潜在国家公园地区土地权属摸底和土地赎回的可行性研究，方式包括一次性赎回、分年度赎回、地役权或其他创新方式。

8. 人力资源制度

一是建立国家公园技术资格认证和注册制度，提高管理人员的专业化水平，可研究借鉴国外国家公园的"园警或巡视员"（ranger）管理制度。

二是建立定期技术培训制度，大力加强培训工作，邀请多学科技术专家对管理人员进行各种形式的培训，提高管理人员的整体素质。

9.5.6 国家公园体制建设的抓手和基本思路

中国国家公园制度应在全面理顺自然保护地管理体制的前提下建立。因此，应依托主体功能区中的禁止开发区域（约占17%的国土面积），理顺、厘清各类自然保护地之间的逻辑关系、法律关系和管理关系。

一是指定禁止开发区域的管理部门，重组我国自然保护地管理机构。在中央政府层面重组成立中华人民共和国国家公园和保护地管理局，省、县两级政府重组成立保护地管理局，将自然保护区、风景名胜区、地质公园和世界自然遗产地等相关职能、人员划归上述管理局，赋予上述管理局规划编制权、保护项目和设施建设审批权及其他相应的执法权。上述管理局未来可考虑纳入主管生态保护的大部门框架内。中华人民共和国国家公园和保护地管理局可考虑下设国家公园司、自然保护区司、风景名胜区司、地质公园司、森林公园司、海洋保护区司、湿地保护区司和世界自然遗产司等部门，承担国家公园和国管自然保护地的直接管理及其他自然保护地的监管职责。

二是推进国家公园和自然保护地立法工作。研究制定国家公园和自然保护地法，明晰自然保护地相关利益主体的权益和责任，以法律法规统筹国家公园和自然保护地管理中的多重复杂关系。

此外，还要防止国家公园变形变质。防止变形是指既要防止将中国国家公园从自然保护地变形成为城市公园、郊野公园、游乐园或旅游度假区，也要防止将严格的自然保护区简单地转换为国家公园，还要防止将国家公园简单地理解为无人区和荒野。防止第一类变形，是因为国家公园是自然保护地中的一类，虽然对国民开放，但开放的面积一般只占总面积的5%左右，其余95%的土地是保护用土地，不受人类的干扰和影响。因此，国家公园的首要功能是生态系统、生态过程和生物多样性的保护，这与城市公园、郊野公园、游乐园或旅游度假区根本不同，因为上述地区的主要功能是为居民或游客服务。在国家公园内，自然和生态是绝对的主角，人类的需求受自然和生态的约束和规范。防止第二类变形，是因为严格的自然保护区（Strict Nature Reserves）的资源敏感度高，游客利用会严重损害生态和自然保护的效果。同时，这一类自然保护区也未必具有国家公园所需的审美和公众教育价值。防止第三类变形，是因为国家公园承载着生态文明、社会文明和精神文明三个方面的重任，承担着国民生态教育、科学教育和非营利休闲等功能，是自然保护地与国民的窗口和媒介，虽然这些功能的实现需要以生态保护为前提，但简单地将其理解为无人区或荒野是不恰当的。没有国民接触的自然保护地是IUCN分类中的严格的自然保护区和荒野，而不是国家公园。当然，防止中国国家公园变形，主要是要防止国家公园变形为旅游度假区、城市园林、郊野公园或游乐园，因为这种情况发生的可能性更大，影响也最坏。

防止变质是指要防止中国国家公园从公益事业变质为企业的"摇钱树"或地方政府的经济"发动机"。国家公园关键在一个"公"字上，其本质是中央政府动用公共财力保护公共资源、造福公众的公益事业，公有、公管、公益和公享是国家公园之"公"的四层含义。可现实中我们发现，很多所谓的国家公园试点或者国家公园潜在地区，其建立与发展动机往往不是保护而是发展，不是公益而是"私"利，搞得不好，国家公园就像目前很多景区一样有可能沦为企业的"摇钱树"或地方政府的经济"发动机"，导致自然保护名不符实、门票价格连年上涨、公益属性严重淡化的可悲局面。

9.6 本章结语

作为生态文明建设的关键环节，国家公园体制备受瞩目。进入新时代，国家公园体制发展迎来了难得的契机，但同时也让其面临更多、更大的挑战。为更好地迎接这些机遇和挑战，本章在对世界国家公园运动的发展概况做简要介绍和对中国自然保护地发展历程、机遇和挑战进行总结的基础上，提出了新时代下中国国家公园的定位及未来的制度发展方向。中国国家公园体制的建设，应明确中国国家公园的定义，准确定位其在人际关系中的位置，直面其建设难点，从机构改革、法治建设、补偿机制、技术支持、社会支持、规划管理、运营机制和人力资源制度8个方面推动制度建设，并防止其变形变质。

参 考 文 献

[1] Catlin G. Letters and Notes on the Manners, Customs, and Condition of the North American Indians [M] .Cabridge：Cambridge University Press，2011.

[2] 彭琳，赵智聪，杨锐 . 中国自然保护地体制问题分析与应对 [J] . 中国园林，2017, 33（4）：108-113.

[3] 杨锐 . "IUCN 保护地管理分类" 及其在滇西北的实践 [J] . 城市与区域规划研究，2009，2（1）：83-102.

[4] 杨锐 . 防止中国国家公园变形变味变质 [J] . 环境保护，2015, 43（14）：34-37.

[5] 杨锐 . 论中国国家公园体制建设中的九对关系 [J] . 中国园林，2014（8）：5-8.

[6] 杨锐 . 在自然保护地体系下建立国家公园体制的建议 [J] . 瞭望，2014（29）：28-29.

[7] 杨锐 . 国家公园与自然保护地研究 [M] . 北京：中国建筑工业出版社，2016.

第10章

生态保护红线
划定与管控

XIN**SHIDAI**
SHENGTAI WENMING
CONGSHU

10.1 引言

随着人类社会对自然开发强度的不断加大和对自然生态认知水平的不断提高，人们逐渐意识到保护自然生态系统、濒危动植物及其栖息地对于保障区域生态安全和维持人类经济社会可持续发展的重要性。19世纪末期，世界各国开始尝试通过设立自然保护地约束人类对自然的开发并实现对自然的保护。IUCN将自然保护地定义为"通过法律及其他有效方式用以保护和维护生物多样性、自然及文化资源的土地或海洋"。1872年，美国政府批准建立黄石国家公园，该公园成为世界上最早的自然保护地之一。

我国从1956年建立第一个自然保护地——广东鼎湖山自然保护区开始，历经60余年的实践和发展，自然保护体系逐步完善，并形成了由自然保护区、风景名胜区、森林公园、地质公园、自然文化遗产、湿地公园、水产种质资源保护区、海洋特别保护区和特别保护海岛等组成的保护地体系。在此基础上，相继提出了重要生态功能区（2008年）、生态脆弱区（2008年）和重点生态功能区（2011年）等生态保护关键区域，进一步完善了国家生态安全屏障体系。随着生态保护力度的不断加大，2011年我国首次提出了"划定生态保护红线"这一国家生态保护战略，2015年国家公园体制建设正式启动，这两大举措进一步丰富了中国自然保护地体系，显著推进了国家生态安全格局的构建进程。

早在2000年，浙江省安吉县在编制《安吉生态县建设规划》时就提出了"生态红线控制区"的概念，将关键生态空间划为生态红线，实施严格保护。在2008年编制《安吉生态文明建设规划》时，安吉县的生态红线控制区保护良好且格局更加优化，切实发挥了"绿水青山就是金山银山"的实效。此后，生态保护红线先后在广东、天津和江苏等地得到广泛推广与应用。为了更好地保护我国的生态环境、处理好开发与保护的关系，经过多年的探索与实践，2011年我国首次将"划定生态红线"作为国家的一项重要战略任务（《国务院关于加强环境保护重点工作的意见》），在重要/重点生态功能区、陆地和海洋生态环境敏感区及脆弱区划定生态保护红线并实行永久保护，这体现了在国家层面以强制性手段强化生态保护的政策导向与决心。2013年，党的十八届三中全会通过了《中共中央关于全面深化改革若干重大问题的决定》，将"划定生态保护红线"作为改革生态环境保护管理体制、推进生态文明制度建设的重点内容。2015年，《中共中央 国务院关于加快推进生态文明建设的意见》明确指出"在重点生态功能区、生态环境敏感区和脆弱区等区域划定生态红线，确保生态功能不降低、面积不减少、性质不改变"；同年，中共中央、国务院印发的《生态文明体制改革总体方案》中也提出"划定并严守生态红线，严禁任意改变用途，防止不合理开发建设活动对生态红线的破坏"。2015年新修订的《中华人民共和国环境保护法》（以下简称《环境保护法》）正式实施，将划定并严守生态保护红线纳入国家立法范畴。2016年，《中华人民共和国国民经济和社会发展第十三个五年规划纲要》提出"划定并严守生态保护红线，确保生态功能不降低、面积不减少、性质不改变"。2017年2月7日，中共中央办公厅、国务院办公厅印发《关于划定并严守生态保护红线的若干意见》（以下简称《若干意见》），明确了生态保护红线工作的总体要求和具体安排。此后，生态保护红线由单一的区划研究向基础理论、划定方法和管理措施等方向发展，研究趋势更加具有综合性、多维性与实用性，由生态保护的理念转变为国家意志主导下的划定实践。

与国内外已有的自然保护地相比，生态保护红线体系以生态服务供给、灾害减缓控制、生物多样性维护为三大主线，整合了现有各类保护地，补充纳入了生态空间内生态服务功能极为重要的区域和生态环境极为敏感脆弱的区域，其构成更加全面、分布格局更加科学、区域功能更加凸显、管控约束更加刚性，可以说是国际现有保护地体系的一个重大改进创新。通过划定生态保护红线，将最具保护价值的"绿水青山"和"优质生态产品"，以及事关国家生态安全的"命门"保护起来，维系了中华民族永续发展的绿水青山，为维护国家生态安全、促进经济社会可持续发展提供了有力保障，不仅有效保护了生物多样性和重要自然景观，而且对净化空气、扩展水环境容量具有重要作用，同时，也是我国国土空间开发的管控线。因此，生态保护红线是国家生态保护发展的高层战略和生态文明体制改革的顶层设计，是继"18亿亩耕地红线"后又一条被提升到国家层面的"生命线"，为我国生态文明建设提供了重要的理论指导和思想支撑。

10.2 生态保护红线提出的背景

10.2.1 国家生态环境形势日益严峻

我国生态资源丰富，森林、湿地、草地面积约占国土面积的63.8％，在保障国家生态安全和社会经济可持续发展中起到了关键作用。但是，自20世纪50年代以来，由于资源与能源的过度利用和无序开发，我国生态环境面临着严峻挑战，具体表现为生物栖息地遭受破坏和威胁，物种濒危程度加剧，生物多样性锐减；长江、黄河等大江大河水系涵养水源、保持水土等生态服务功能受到极大削弱；重要的生态功能区、陆地和海洋生态环境敏感区、脆弱区等区域生态保护与修复力度不够，生态服务和调节功能持续下降，山洪、泥石流、旱涝等自然灾害频发。生态安全已上升为国家安全问题，成为制约经济增长和社会可持续发展的重要因素。

10.2.2 国家生态安全格局尚未形成

目前，我国自然保护区面积约占陆地总面积的15％，但自然保护区建设情况具有明显的地域特征和不平衡性，部分自然生态系统及珍稀濒危物种并未得到有效保护。对于早期建立的一些自然保护区，科学论证不足、规划不合理、片面追求面积规模等问题并未得到有效管控。即使是目前保护最为严格的保护区类型——自然保护区，仍存在执法不严、违法建设、开发与保护混杂的现象。

此外，我国还划建了风景名胜区、森林公园、湿地公园和地质公园等各级各类保护地，大多数区域都具有重要的生态功能，但其管理目标定位中多以旅游开发为主，对于生态保护重视程度明显不足。各类保护地也存在空间重叠、布局不够合理、保护目标单一、划分不够科学和生态保护效率不高等问题，一些线性网状的高生态功能区域因没有受到重视而不断被侵蚀、干扰，最终断裂、消失和退化；一些相邻的斑块，由于缺乏连接而使生态功能大打折扣。

总体而言，我国生态保护区域类型多、面积大、覆盖广，但是划定的科学性不足，缺乏严格的生态保护标准和管理措施，当前生态环境保护投入难以支撑有效管护，我国高效稳定的国家生态安全格局尚未正式建立。

10.2.3　生态保护统一监管机制尚未建立

随着时代的发展，特别是在环境保护实现历史性转变的关键时期，生态环境管理体制中存在的问题不断显现，许多问题已成为制约生态保护工作的障碍。

由于历史和现实的原因，我国的生态环境保护体制建设落后于污染控制，政府的生态保护管理职能分散在各个部门。采取按生态和资源要素分工的部门管理模式缺乏强有力、统一的生态保护监督管理机制，存在政府部门职能错位、冲突、重叠等体制性障碍，造成国家公共利益和部门行业利益的冲突。各部门都从部门利益出发，积极推动制定本部门所管理的资源法律，并通过法律加强自身的授权和权力，造成法律法规之间的矛盾，"政出多门"加大了基层部门执行有关法律法规的难度；在规划和政策制定上各自为政，相互衔接不够，使生态保护标准各异，划建生态保护区域的目的与分类体系不同，措施综而不合，极不利于国家对生态保护的宏观调控。

10.3　生态保护红线的概念与特征

10.3.1　生态保护红线的概念

根据国内各相关部门的工作实践，"红线"一般指严格管控事物的空间界线，包括数量、比例或限值等方面的管理要求。"红线"概念已被住建、水利和林草等多个管理部门使用。对"生态保护红线"概念的界定，在科学研究领域尚无统一定论，一般理解为必须严格保护的空间区域。

在生态管理领域，决策者更关注生态保护红线划定后如何管控。2013年5月，习近平总书记强调，要划定并严守生态保护红线，并赋予其"保障国家和区域生态安全，提高生态服务功能"的重要内涵。党的十八大以来，习近平总书记多次从生态文明建设的宏阔视野提出"山水林田湖草沙是一个生命共同体"的论断。国土空间分为城镇、农业和生态空间，生态保护红线是生态空间的重要组成部分，由于生态空间具有整体性特征，生态保护也应实现一条红线管控重要生态空间。

在科学研究领域，诸多学者和管理者从不同角度强调了生态保护红线的某些特征和内涵，但并没有给出一个确切定义。笔者认为，《若干意见》较好地给出了生态保护红线的定义，即在生态空间范围内具有特殊重要生态功能、必须强制性严格保护的区域，它是保障和维护国家生态安全的底线和生命线，通常包括具有重要水源涵养、生物多样性维护、水土保持、防风固沙和海岸生态稳定等功能的生态功能重要区域，以及水土流失、土地沙化、石漠化和盐渍化等生态环境敏感脆弱区域。这里提到的生态空间是指具有自然属性、以提供生态服务或生态产品为主体功能的国土空间，包括森林、草原、湿地、河流、湖泊、滩涂、岸线、海洋、荒地、荒漠、戈壁、冰川、高山冻原和无居民海岛等。

这一定义既体现了《环境保护法》的有关规定，又突出了生态保护红线的深刻内涵。生态保护红线包含森林、草原、湿地和荒漠等生态要素，但并不是将各类红线的空间和数量总和简单叠加，而是维护和改善重要生态系统服务功能持续发挥的关键生态用地。划定生态保护红线需要在一定基础理论的支持下，通过系统方法划定维护国土生态安全的特定位置和一定面积比例的国土生态空间，在此区域内禁止工业化和城镇化建设，限制资源开发活动，明确责任主体，对生态环境施行严格的保护和恢复的管理措施。生态保护红线遵循了生态学的基本原理，作为其关键内容的生态系统恢复及重建，实质上是人为干预条件下的生态系统演变过程，其中包含了群落演替、物质循环和能量流动、生态系统生态学、景观生态学和生态系统服务等多项生态学基本原理。

10.3.2　生态保护红线的特征

一是生态保护红线是生态保护的关键区域。生态保护红线保护极为重要的生态功能区和生态敏感区/脆弱区，是保障人居环境安全、支撑经济社会可持续发展的关键生态区域。

二是生态保护红线具有空间不可替代性。生态保护红线具有显著的区域特定性，其保护对象和空间边界相对固定。

三是生态保护红线具有经济社会支撑性。划定生态保护红线的最终目标是在保护重要自然生态空间的同时，实现对经济社会可持续发展的生态支撑作用。

四是生态保护红线具有管理严格性。生态保护红线是一条不可逾越的空间保护线，应实施最为严格的环境准入制度与管理措施。

五是生态保护红线是构建生态安全格局的基础框架。生态保护红线是保障国家和地方生态安全的基本空间要素，是构建生态安全格局的关键组分。

10.3.3　生态保护红线的类型

自"十一五"以来，我国政府主推主体功能区战略，不断优化国土空间开发与保护格局。划定生态保护红线能够起到保护核心生态空间的积极作用，对进一步规范开发建设活动具有重要意义。《环境保护法》（2014年修订版）明确界定了生态保护红线的划定范围，即在重点生态功能区、生态环境敏感区和脆弱区等区域划定生态保护红线。生态保护红线是对目前保护地体系的有机整合，是对未实施保护的关键生态区域进行的科学划定。上述各类区域尽管在空间上可能存在部分重叠的现象，但基本囊括了我国重要的生态保护区域。通过不同类型生态保护红线的划分，最终实现关键生态区域"应保尽保"，并有利于实施差异化管理。

由生态保护红线的科学内涵和我国生态保护需求可知，生态保护红线主要具有三大功能：①保护重点生态功能区，维护自然生态系统的服务功能，保障生态产品供给，为经济社会可持续发展提供生态支撑；②保护生态环境敏感区域，减缓与控制生态灾害，构建人居环境生态屏障；③保护关键物种与生态系统，维持生物多样性，促进生物资源的可持续利用。相应地，生态保护红线体系可划分为重点生态功能区保护红线、生态屏障区保护红线、关键物种生境与自然景观保护红线三大类型。根据生态服务功能类型和生态敏感性特征，三大类型生态保护红线又可细分为若干小类。其中，重点生态功能区保护红线主要包括水源涵养区、水土保持区和防风固沙区等陆地和海洋重要生态功能区；生态屏障区保护红线主要包括水土流失防控区、土地沙化防控区、石漠化防控区、河湖滨岸带区等陆地和海洋生态环境敏感区；关键物种生境与自然景观保护红线主要包括国家公园、自然保护区等各类保护地及重点保护物种栖息地。通过不同类型生态保护红线的划分（图10-1），最终可以实现关键生态区域"应划尽划，应保尽保"。

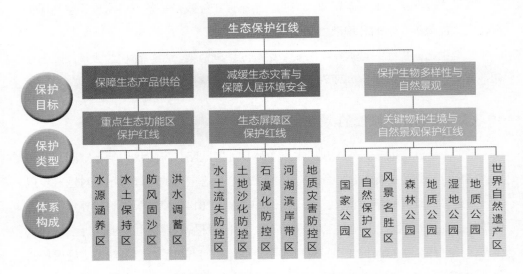

图10-1　生态保护红线体系构成

10.3.4　生态保护红线的作用与意义

生态保护红线是最为严格的生态保护空间，是确保国家和区域生态安全的底线，其作用和意义可概括为以下"四条线"。

1. 生态保护红线是生物多样性保护基线

我国是世界上生物多样性最为丰富的国家之一，具有种类丰富、起源古老及多古老、孑遗种和特有种等特征，是世界上相对保存完整的古老区系之一。为加强自然生态系统与动植物物种保护，我国自1956年以来建立了各级各类自然保护区，但据不完全统计，仍有10%～15%的国家重点保护动植物尚未得到有效保护。农业垦殖、森林采伐、城市化和工业化等人为活动割裂了野生动植物栖息地，部分野生动植物种群数量受到威胁。为此，划定生态保护红线需要特别关注珍稀濒危物种，通过科学评估与实地调查，以生态完整性为原则识别生物多样性保护的空缺地区并纳入生态保护红线，确保国家重点保护物种保护率达100％。

2. 生态保护红线是优质生态产品供给线

党的十九大报告明确指出，中国特色社会主义进入新时代，我国社会主要矛盾已经转化为人民日益增长的美好生活需要和不平衡不充分的发展之间的矛盾。优质的生态产品是人民群众美好生活的必需，人与自然和谐共生的现代化既要创造更多物质财富和精神财富以满足人民日益增长的美好生活需要，也要提供更多优质生态产品以满足人民日益增长的优美生态环境需要。生态保护红线划定的区域（系统）都是优质生态产品的"生产地"和"发源地"，划定并严守生态保护红线，就是要为人民群众提供清新的空气、清洁的水源和宜人的环境。

3. 生态保护红线是人居环境安全保障线

我国地形地貌复杂，山地多、平原少，生态环境脆弱。由于不合理的人类开发建设活动，近年来我国自然灾害发生频率和受灾影响在一定程度上呈加重趋势，人居环境安全面临严峻威胁。在生态保护红线划定过程中，除了将具有重要生态功能的区域纳入红线，也通过科学评估涵盖了水土流失、土地沙化、石漠化和盐渍化等生态环境敏感脆弱区域，确保为减缓自然灾害影响、改善人居环境质量、保障人居安全提供生态支撑。

4. 生态保护红线是国家生态安全底线和生命线

生态安全是国家安全的重要组成部分。2014年4月15日，习近平总书记在主持召开国家安全委员会第一次会议时首次提出了总体国家安全观，明确将生态安全列入国家安全体系。2015年7月1日，《中华人民共和国国家安全法》发布实施，并对生态安全作出明确规定，要"加大生态建设和环境保护力度，划定生态保护红线，强化生态风险的预警和防控"。国家生态安全政策提出，国家生态安全是指一国具有支撑国家生存发展的较为完整、不受威胁的生态系统，以及应对国内外重大生态问题的能力。只有守住生态保护红线，确保生态功能不降低、面积不减少、性质不改变，使生态系统不受威胁，才能维护国家和区域的基本生态安全。

10.4　生态保护红线划定的技术与方法

　　《若干意见》中明确要求，2020年年底前，全面完成全国生态保护红线划定，勘界定标，基本建立生态保护红线制度，国土生态空间得到优化和有效保护，生态功能保持稳定，国家生态安全格局更加完善；到2030年，生态保护红线布局进一步优化，生态保护红线制度有效实施，生态功能显著提升，国家生态安全得到全面保障。划定生态保护红线是一项复杂的系统工程，既需要在技术层面上解决在哪划、划什么、怎么划的问题，又需要在行政层面上解决划定的程序问题。

10.4.1　划定步骤

　　划定生态保护红线要经过4个步骤，见图10-2。

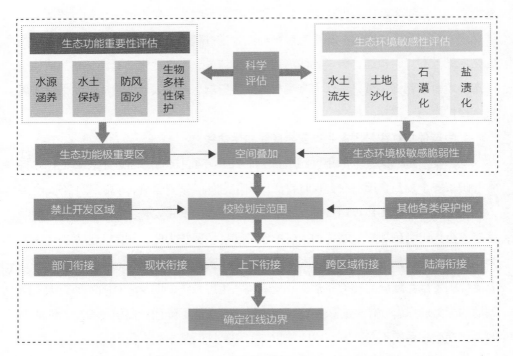

图10-2　生态保护红线划定技术流程

一是开展科学评估。在国土空间范围内，按照资源环境承载能力和国土空间开发适宜性评价技术方法，开展生态功能重要性评估和生态环境敏感性评估，科学系统地识别出水源涵养、生物多样性维护、水土保持和防风固沙等生态功能极重要区域和生态环境极敏感区域，并将其纳入生态保护红线。

二是校验现有保护地。根据科学评估结果，将评估得到的生态功能极重要区和生态环境极敏感区进行叠加合并，并与现有自然保护地进行校验，形成生态保护红线空间叠加图，确保划定范围涵盖有必要严格保护的各类自然保护地。

三是统筹协调落地。生态保护红线的划定在真正落地前必须协调好生态保护与经济建设、民生保障的关系，并与各类开发建设相关的规划及建设范围做好衔接。为此，主要采取上下结合的组织实施方式有序推进。在国家层面，生态环境主管部门会同有关部门共同推进生态保护红线划定工作，充分发挥顶层设计和指导作用，制定生态保护红线划定的技术规范，提出生态保护红线空间格局，做好跨省域的衔接与陆海统筹，形成全国红线"一张图"。各省（区、市）作为实施红线划定工作的责任主体，应建立协调机制，明确分工，将一条红线划到底，其中要着重做好5个衔接。①部门衔接。有关部门通力合作，发挥各自优势，在数据共享共用、关键技术研讨和重大问题决策等方面密切配合，扎实做好大量烦琐和细致的工作，形成部门联动的生态保护红线划定工作合力。②规划衔接。充分与主体功能区规划、空间规划与"多规合一"、生态环境保护规划、土地利用规划、城乡规划、生态功能区规划、水功能区规划、矿产资源规划和交通等各类基础设施规划相衔接，处理好生态保护与发展建设的关系，确保生态保护红线划得实、能落地。③上下衔接。为加快生态保护红线在县级行政区的精准落地，省（区、市）与所辖市县级行政区要开展反复多次的上下对接，针对生态保护红线涉及的城镇建设区、工矿开发区、基础设施建设区和旅游开发区等重点区域，充分开展沟通衔接，切实解决红线落地问题。④跨区域衔接。为确保生态保护红线划定的整体性和连续性，相邻省份之间要重点针对跨行政区域的重要自然地理单元，如重要的山脉、丘陵、高原和河流等开展划定结果比较分析，查明不匹配、不连续的区域，分析具体原因，视具体情况进行修改完善。⑤陆海衔接。对于沿海地区，生态保护红线划定应实现陆海统筹，将陆域和海洋生态保护红线划定成果充分对接，确保陆海红线划定保持边界清晰与协调一致，形成划定"一张图"。

四是科学制图确定边界。生态保护红线只有具备明确的边界，才能清晰落地，便于管理。在统一的GIS软件环境下，将生态保护红线边界与全国国土调查、地理国情普查和各类自然资源调查等工作成果相结合，通过综合制图技术的方法，结合已有保护地边界、自然地形地貌边界和土地利用属性地块，进一步优化调整红线边界，形成一张与实地情况和管理情况相一致的矢量图件，确定生态保护红线边界。

10.4.2 生态保护红线划定案例

根据2018年四川省政府发布的《四川省生态保护红线方案》，四川省生态保护红线总面积为14.80万km²，占全省总面积的30.45%（图10-3），空间分布格局呈"四轴九核"，分为5类13个区块。

图10-3 四川省生态保护红线分布

四川省生态保护红线涵盖了水源涵养、生物多样性维护和水土保持功能极重要区，水土流失、土地沙化和石漠化极敏感区，自然保护区、森林公园的生态保育区和核心景观区等，主要分布于川西高山高原、川西南山地和盆周山地。13条生态保护红线将起到优化生态安全格局、系统保护山水林田湖草，保护自然生态系统、提升生态屏障功能，保护生物生境、维护生物多样性，促进经济社会可持续发展等效益效果。例如，在保护生物生境、维护生物多样性方面，四川生态保护红线全面覆盖了省域内的32个国家级自然保护区、63个省级自然保护区，自然保护区划入生态保护红线的总面积达5.47万km^2，占省级以上自然保护区总面积的96.49%。

10.5 生态保护红线管控

划定生态保护红线以后，更加重要的是如何严守。严守生态保护红线的关键在于底线意识的树立、用途管制制度的落实与生态保护补偿机制的建立。同时，生态保护红线更重在监管，要实现生态功能不降低、面积不减少、性质不改变的保护目标，必须创新生态环境监管机制，切实建立严密的监管体系。

10.5.1 开展勘界定标

勘界定标是划定生态保护红线的深化和细化，是确保红线边界精准落地的最后一步，可以保证红线分布合理、边界清晰、切合实际、便于管理。《若干意见》要求，全国各地要在2020年前完成勘界定标，将红线边界在具体地块上精准落地。这是因为生态保护红线具有鲜明的管控要求，必须明确落实到具体地块。所谓勘界定标，就是以生态保护红线斑块为研究单元，以地理国情普查数据、土地利用调查数据为基础，以高清正射影像图、地形图和地籍图等相关资料为辅助，开展地面调查与核查，勘定生态保护红线边界走向和拐点坐标，确定土地权属、测定界桩位置、标定用地界线、埋设界碑界桩和进行面积量计算汇总等，以确保将生态保护红线落实到具体地块，实现从"图上红线"到"地块红线"的转变。同时，要在勘界基础上设立统一规范的标识标牌，让公众真实感受到生态保护红线的存在。

10.5.2 落实用途管制制度

作为生态空间的重要组成部分，严守生态保护红线是建立国土空间开发保护制度的基础。《若干意见》明确要求要强化生态保护红线的用途管制，只有对土地用途实施严管，才能从源头上杜绝不合理开发建设活动对生态保护红线的破坏。实施用途管制的关键在于建立产业准入制度和责任追究制度，实行清单化管理，提高准入门槛，严禁不符合生态保护红线主体功能定位的项目开发建设。对于违法违规任意改变土地用途导致生态破坏的行为和个人，要严肃追究责任。

10.5.3 建立生态保护补偿机制

当前，"绿水青山就是金山银山"的理念已经深入人心。划定红线绝不是单纯地为了保护，更应该让保护者受益。生态保护红线为支撑经济社会发展提供了优质的生态产品，是具有重要价值的生态资产，需要在科学评估的基础上，建立政府转移支付、发展绿色产业、政策与人才倾斜等多渠道、多元化的生态保护补偿机制，推动生态保护红线所在地区和受益地区探索建立横向生态保护补偿机制，以生态保护补偿助推生态保护红线区域的生态建设、环境综合治理，形成与生态建设和环境综合治理的良性互动，确保"绿水青山"尽快转化为"金山银山"。

10.5.4 建立天地一体的监测监管网络

生态保护红线范围大、分布广、系统复杂，完全依靠人力开展地面监管难以实现。当前，大数据、云计算、物联网和新媒体技术为生态保护红线监管提供了全新的监管手段。结合相关部门和科研院所的基础条件，建设和完善生态保护红线综合监测网络体系，使生态保护红线范围开展实时监控成为可能。在国家层面可建立统一监管的多功能平台系统，省（区、市）作为国家统一监管平台的重要节点，可在划定工作基础上切实加强能力建设，纳入国家平台系统，实现国家和地方互联互通。

10.5.5　创新监管制度建设

为确保监测网络和监管平台的顺畅运行，提升生态保护红线管理决策的科学化水平，要不断强化监管制度建设，形成集实时监控、发现问题、及时通报、现场核查和依法处理于一体的生态保护红线监管制度安排，并在此基础上，建立生态保护红线预测预警体系，识别与预测生态保护红线区域的生态风险，综合判断警兆、警源与警度，建立警情评估、发布与应对平台，逐渐形成预测预警、决策与技术支持一体化，具有充分技术、人力和物力保障，兼有处理突发事件能力的生态保护红线预警体系，以维护国家和区域生态安全。

10.6　本章结语

生态保护红线是我国应对生态环境恶化、守住绿水青山、实现绿色发展的重要举措，也是我国作为全球生态文明建设重要参与者向世界保护地体系建设作出的特殊贡献。生态保护红线战略的实施，是我国生态环境保护的一项制度创新，是优化国土空间开发、构建科学合理的生态安全格局的基础，是推进生态文明建设的重要举措。目前，我国已基本完成了生态保护红线划定实践，不仅在保障国家生态安全方面发挥了积极作用，而且对应对气候变化和加强生物多样性保护具有重要意义，为其他国家和地区提供了可复制的有益范例。

参 考 文 献

［1］王金南，迟妍妍，许开鹏. 严守生态保护红线 创新战略环评机制［J］. 环境影响评价，
　　2014（4）：15-17.

［2］欧阳志云，徐卫华．整合我国自然保护区体系，依法建设国家公园［J］．生物多样性，2014，22（4）：425-427.

［3］邹长新，王丽霞，刘军会．论生态保护红线的类型划分与管控［J］．生物多样性，2015，23（6）：716-724.

［4］环境保护部，中国科学院．关于发布《全国生态功能区划》的公告（公告2008年第35号）．（2008-07-18）．http：//www.mee.gov.cn/gkml/hbb/bgg/200910/t20091022_174499.htm.

［5］中华人民共和国中央人民政府．国务院关于印发全国主体功能区规划的通知（国发〔2010〕46号）．（2011-06-08）．http：//www.gov.cn/zwgk/2011-06/08/content_1879180.htm.

［6］中华人民共和国中央人民政府．国务院关于加强环境保护重点工作的意见（国发〔2011〕35号）．（2011-10-20）．http：//www.gov.cn/zwgk/2011-10/20/content_1974306.htm.

［7］高吉喜．划定生态红线保障生态安全［N］．中国环境报，2012-10-18（2）．

［8］新华社．中共中央办公厅 国务院办公厅印发《关于划定并严守生态保护红线的若干意见》．（2017-02-07）．http：//www.gov.cn/zhengce/2017-02/07/content_5166291.htm.

［9］杨邦杰，高吉喜，邹长新．划定生态保护红线的战略意义［J］．中国发展，2014，14（1）：1-4.

［10］万军，于雷，张培培，等．城市生态保护红线划定方法与实践［J］．环境保护科学，2015，41（1）：6-11，50.

［11］高吉喜，陈圣宾．依据生态承载力优化国土空间开发格局［J］．环境保护，2014，42（24）：12-18.

第11章

新时代生物多样性监测：多方位遥感

XINSHIDAI
SHENGTAI WENMING
CONGSHU

11.1 生物多样性监测进入新时期

党的十九大提出的"人与自然和谐共生"，其含义既朴实又深刻，虽然原本人与自然就是共生在一起的，但长期以来由于人们重经济发展、忽视环境承载量和承载力，导致了一种非和谐的共生，进而出现了许多生态和环境问题。"绿水青山就是金山银山"理念的提出，明确强调了生态环境的重要性，要求统筹山水林田湖草沙进行系统治理和管理，为建设美丽中国保驾护航，为人民创造良好的生产、生活环境，为全球生态安全作出贡献（图11-1）。

图11-1　生态系统治理和管理示范：北京市门头沟区大沙坑治理后的景观

（图片来源：刘雪华）

生物多样性是所有生命形式的集合，包括基因多样性、物种多样性、生态系统多样性和景观多样性，是人类生存之根本，是地球健康性之体现，被认为是地球的免疫系统。生物多样性不是静止不变的，其存在状况及变化过程需要监测，而监测也有助于人们对生物多样性及其变化的了解，有助于对生物多样性的管理。我国经济和科技的快速发展、高端技术和产品的提供使生物多样性监测和保护也进入了新时期。

11.1.1　生物多样性地面调查的艰难性

生物的种类繁多，分布空间也复杂多样，传统的调查评价方法存在一定的局限性，如茂密的植被导致植物丛的低可见性及难穿越性，水体覆盖导致水下调查的困难性，复杂的地形地势导致地面调查的难操作性，天气无常导致突发性河流暴涨、山洪暴发和泥石流的产生（图11-2）。这些问题使地球表面的生物多样性调查和监测在过去很长一段时间都是不连续和片段性的。

（a）茂密竹林　　　　　　　　　（b）水体覆盖

（c）陡坡环境　　　　　　　　　（d）山洪暴发

图11-2　野外实地调查的艰难性

（图片来源：刘雪华）

11.1.2　多层级、多手段遥感

科技的发展促使各行各业在仪器设备上推陈出新，使获取各种仪器设备数据成为可能，遥感技术也同样。遥感即遥远的感知，是不直接通过身体触碰的感知，要通过仪器设备进行一定距离的信息获取来感知。多种类型的遥感平台，如近地遥感（固定塔、车载、船载）、航空飞机、航天飞机和卫星等，能够从不同高度、不同角度获取遥感数据，为监测地球表面的变化提供大量的信息。

种类繁多的传感器，如多光谱扫描仪（MSS）、专题制图遥感仪（TM）、高级超高分辨率辐射计（AVHRR）和机载可见光/近红外影像光谱仪（AVIRIS）等。通过采用不同的光波段及其组合（光谱分辨率）、不同的像元分辨率（空间分辨率），以不同的时间间隔（时间分辨率）对地球表面的地物进行数据采集（光谱反射）。随着技术的发展，空间分辨率和光谱分辨率都在提高，如快鸟数据（QuickBird：0.6 m的空间分辨率）、高光谱数据（上千个光谱波段），这对于地物的识别和监控地表变化是非常有用的。

成像技术的不断发展极大地推动了遥感技术在实践中的应用。例如，热成像技术用来监测环境热源格局及其变化，可以达到监控质量（食品监管、环境监管）、测定空间位置（军事上士兵的位置）等要求的光成像（当下使用得较广泛的遥感影像），并拍摄红外相机照片（通过温度或运动感应得到的野生动物照片），以监测动物多样性、活动格局和行为等（图11-3）。

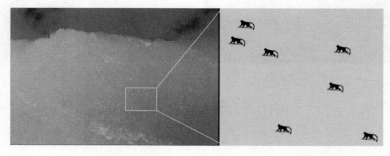

（a）无人机加载高光谱成像仪获取地表覆被及金丝猴群的热成像

（图片来源：He 等，2020）

（b）红外相机拍摄的斑羚的夜间活动及皮肤病

（图片来源：刘雪华）

图11-3　不同遥感成像的应用表达

　　无线电跟踪是利用动物佩戴的无线电发射器发射信号，再通过接收器接收到多个角度的信号汇集点来计算确定动物的位置，也是非接触性技术。在没有卫星跟踪技术之前，无线电跟踪技术在野生动物研究中是一项重要技术，所采集到的数据可以帮助科研人员分析了解野生动物的位置、活动范围、活动节律及与其他个体之间的空间关系等，现在仍然为科研人员所应用。

　　卫星跟踪是当下野生动物研究中被推崇应用的现代技术，可以实时监测动物的空间位置，尤其是大范围移动的野生动物（图11-4）。卫星发射回来的动物的空间位置可以帮助人们了解动物的活动路线、迁移格局和活动特征（停歇、移动等），这是技术发展给野生动物野外研究带来的高效方便的新手段。

图11-4　卫星GPS跟踪豆雁

（图片来源：刘雪华）

水下摄影和声呐探测专门用于水生生物的监测，解决了人类直观监测水面以下生物的难题。当前还有很多其他可以用于野生动物的监测技术。

11.1.3 多源数据的融合应用

每个技术有其适用的方面，也都有其欠缺之处，如果将不同技术的长处结合起来，取长补短，就可以使生物多样性监测更加高效，这就是多源数据的融合应用。目前，很多方面都已实现了多源数据融合，如植被遥感、动物遥感。

11.2 植被遥感

11.2.1 普通光谱遥感

地球表面有着丰富的生态系统类型，土地利用类型繁多，每个生态系统或土地利用覆被都有着独特的成分、结构和功能特性，再加上周围的复杂环境及其变化，使监测地表生态系统或土地利用覆被的格局及时空变化成为一项重要工作，为国土管理提供了依据。

普通的遥感途径（即利用少量有限的光谱波段信息，与之后发展的高光谱遥感相区别）在判读生态系统类型或土地利用覆被时会产生误差，边界不清，只能感应地物表层，存在一定的局限性，如阴影问题（山体阴影、云朵阴影）会导致错误判读甚至无法判读，地面混杂问题会导致地物判读产生不确定性。此外，还有一些其他问题。

地表生态系统或土地利用覆被遥感需要多源数据融合、多种分析技术融合、高分辨率遥感应用和3D遥感应用，在不同目的下加以应用可以得到较理想的结果。以大熊猫生境评价为例，由于森林生态系统随海拔的变化而变化，因此森林的类型也发生着变化，边界是不清的，且山坡阴影的问题会导致判读的难度加大，用传统方法进行大熊猫生境评价达不到满意的精度。Liu等将多光谱数据（MSS数据）和陆地资源卫星数据（TM数据）结合应用，并结合地形信息、地面调查信息及历史砍伐信息，应用多层感应神经网络模型算法，对陕西佛坪观音山自然保护区1978—

2007年的大熊猫生境进行判读分类、变化分析，精度高于70%（图11-5）。这样的技术过程融合了多源数据、多源信息和人工智能模型，在一定程度上解决了阴影问题和小面积类型判读问题。刘雪华等曾经研究发现传统最大似然法不能将小面积地物类型识别出来。

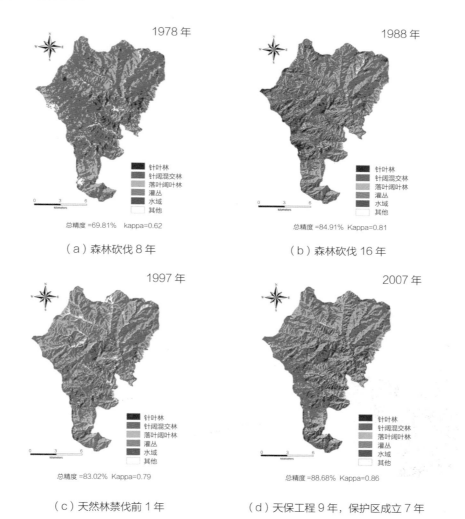

图11-5　数据融合方法应用于保护区生境变迁研究

（图片来源：Liu 等，2017b）

11.2.2　高光谱遥感

高光谱遥感解决了普通遥感数据仅有少量有限的光谱波段的局限，如多光谱遥感（MSS）有4个波段，专题光谱遥感（TM）有7～8个波段，法国SPOT遥感有4个光谱波段和一个全色波段，而高光谱遥感可以从几十到上百个不同波段采集地物的反射光谱信息，这让更精准判别地物成为可能。通过高光谱遥感，人们可以对不同植被及其他地物进行识别，并对植物的叶绿素含量、氮含量及叶面积指数的空间格局进行计算。高光谱遥感突破了传统遥感只能对大类进行识别的问题，并可以对各类地物进行高光谱线建库，给每种地物一个典型高光谱特征曲线，以作为该地物的标志性特征光谱。

另外一个实例就是应用高光谱遥感研究竹子的生理变化和高光谱的关系，以达到特定的目的。大熊猫以竹子为主食，20世纪70年代末一场竹子开花导致野外100多只大熊猫因饥饿而死亡。竹子开花是一种周期性的自然现象，如果我们能提前预测到竹子开花的征兆，就可以做好野外的救助性准备工作，因此可以利用高光谱遥感对大熊猫的主食竹子的开花情况进行快速监测。例如，手持式GER1500高光谱仪已被应用在开花和未开花竹子的光谱曲线测定上，以监测开花前竹子的光谱是否有特别差异，还可以将测定的光谱与植物体的激素水平建立关联分析，从而达到预测的目的（图11-6）。

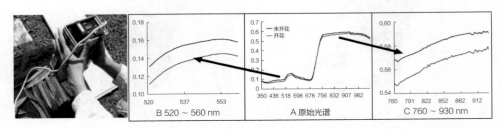

图11-6　手持式GER1500高光谱仪应用于竹子开花检测

（图片来源：刘雪华和吴燕，2012）

11.2.3　激光雷达遥感

激光雷达技术，即激光探测与测距技术，是近年来随着科学技术高速发展而发展出来的一种新兴的遥感技术。这种技术结合了传统的雷达技术和激光技术，是一种先进的主动遥感技术（区别于被动遥感技术，即传感器被动接收地物反射的电磁波辐射信号而获得目标物信息），通过主动发射激光脉冲并收集和记录反射信号来获得目标物体和传感器之间的距离及反射信号的强度等信息。激光雷达系统由搭载平台、激光扫描仪、全球定位系统和惯性测量单元组成（图11-7）。激光雷达技术最基本也是最重要的功能就是提供目标物精确的三维立体结构信息，可以用于提取地表植被结构和扫描海平面三维结构。

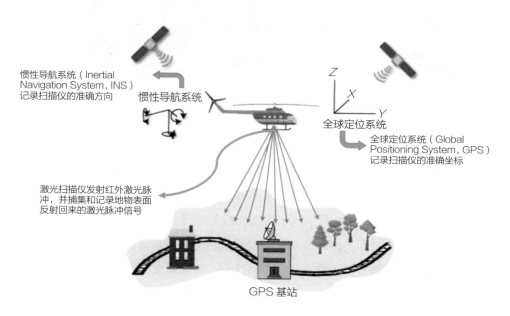

图11-7　机载激光雷达系统组成示意图

（资料来源：Wang 等，2019）

激光雷达数据能够提供多种重要信息，如基本的高度信息、立体结构信息及反射信号的强度信息等，这些信息都能够为精准描述和测量的目标物三维立体结构提供支持。例如，通过激光雷达扫描可以获取地表植被的三维立体结构，通过不同树种典型的形态特征可以对树木种类进行分类。清华大学环境学院生态所课题组在这方面做了一些尝试性研究，运用德国某森林公园中一片样地的地基激光雷达数据对样地中3种主要树种进行了分类，总体精度可达70%（图11-8）。

图11-8　用地基激光雷达数据分类德国某森林公园中的3种主要树种

（图片来源：王科朴，2017）

由于激光雷达系统发射和收集的激光信号的波段数有限，基于激光雷达数据的树种分类主要依靠结构信息而缺乏足够的光谱信息，所以并不适合单独用于多种类、高精度的树种分类。提高树种分类精度的一个有效思路是将激光雷达数据提供的结构信息与被动遥感影像提供的光谱信息相结合，目前这方面的研究与尝试都比较多，包括激光雷达数据与多光谱数据、高光谱数据和其他类型的激光雷达数据相结合（Zhang和Qiu，2012），这样可以得到树冠层的物种分布图，同时含有监测到的树顶。

11.3 动物遥感

11.3.1 红外相机遥感监测

红外相机技术的全称是红外触发式相机陷阱技术，在野生动物研究领域主要指使用带有红外感应传感器的设备，在无人操作的条件下自动拍摄得到照片或影像的方法。其原理是被动型红外传感器由单元前方的扇形区域上的温度突然变化触发，然后激活相机进行自动对焦拍摄，从而获得照片或视频。

红外相机陷阱技术虽然属于新兴技术，但是已经成为目前国内在野生动物研究、监测和保护领域中应用最广泛的方法之一。传统的基于科研工作者直接观察的实地调查方法，如样线法等会受到各种因素的影响而难以进行。例如，偏远地区因交通不便、地形复杂导致科研人员难以前往，在茂密的植被下也难以观察，而且野生动物对人为干扰十分敏感。而另一些基于捕获野生动物的技术方法，如无线电遥测技术需给动物佩戴颈圈或让其携带相关设备，可能会对动物造成潜在的负面影响甚至伤害，而且同样面临着捕获研究目标物种困难的问题。与上述的样线法、无线电遥测法等技术相比，红外相机技术具有众多优点，如科研人员工作量少、时间与经费投入少、对野生动物干扰程度最小、监测时间持续长、较少受到雨雪等自然天气因素的影响等。值得一提的是，红外相机技术在夜间也能得到较为清晰的照片，这在一定程度上解决了传统研究方法在夜行性动物监测上面临的困难和问题。此外，由于这种方法有较强的隐蔽性，因此能够获得一些习性上比较机警谨慎、极难被人发现的动物的宝贵数据。

1. 不常见凶猛动物的遥感监测

金钱豹是猫科动物，它处于食物链金字塔的顶端，该物种在秦岭可以说是顶级的大型食肉猫科动物。文献中查阅到该物种是夜行动物，不容易见到。又由于该物种是凶猛的食肉动物，人们也不想在野外遇见，所以对该物种的研究不容易开展。通过红外相机在两个区域三个相机位点的监测发现，金钱豹在白天也会出现，不仅出现在天然林中，也出现在人工林中，但多为视野比较开阔的地点（图11-9）。

（a）2011年10月5日　17：43

（b）2015年4月1日　6：34　　　　　　　　（c）2015年4月10日　13：55

图11-9　红外相机监测到的陕西观音山自然保护区内的金钱豹

（图片来源：刘雪华）

2. 国宝大熊猫的遥感监测

虽然大熊猫在秦岭分布的密度高，但由于其生活在茂密的竹林下，因此也不容易见到，红外相机有助于捕获野外大熊猫的影像图片、开展数据挖掘、研究大熊猫的行为和生境选择。图11-10是不同位点拍摄到的大熊猫照片，能够看到大熊猫的不同行为，如移动、休息、取食和气味标记等。

3. 动物多样性的遥感监测

在当前人类对自然干扰程度加强、范围加大的形势下，我们对于自然界中生物

（a）移动   （b）休息

（c）取食   （d）气味标记

图11-10　红外相机拍摄到的秦岭大熊猫的行为

（图片来源：刘雪华）

多样性的分布及活动情况应该加以监测，及时了解野生动物多样性的变化并在必要时采取一定管理措施。在开阔草原上可以通过拍摄航空照片来了解和估测草地上的野生动物种群状况，在森林里可以用红外相机监测动物的分布和活动行为，图11-11是清华大学刘雪华团队在秦岭的监测结果，从中可以看出：大熊猫对人工环境有一定的利用，也许是适应性的，也许是不得已的短暂行为；人工林为一些同域生物所喜欢，如毛冠鹿、金钱豹、黑熊、野猪和金丝猴，这可能与人工林下结构简单便于动物穿越、能见度好便于捕食动物捕猎和猎物逃跑有关。

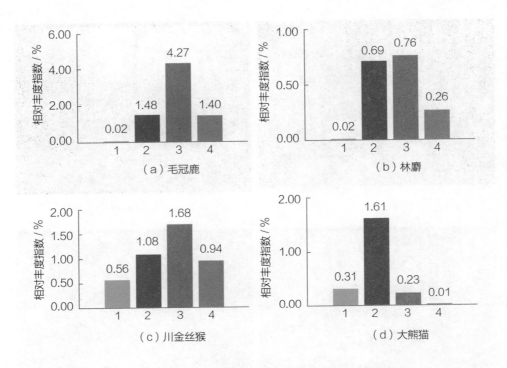

图11-11 秦岭人工林被同域动物利用的情况

（图片来源：赵翔宇，2018）

注：① 1-高海拔天然林；2-低海拔天然林；3-人工林；4-次生林。

② （a）（b）（c）说明喜好人工林的物种，（d）说明大熊猫对人工林有一定的利用。

11.3.2 不同物种在不同生境中的日活动和年活动规律

通过红外相机长时期日积月累的照片拍摄记录，可以挖掘出很多其他数据信息，如不同时间（年月日、昼夜、季节）、天气（下雨、下雪、温度、湿度）、月相及植被生境，再与统计出来的物种活动频次进行汇总，可以分析出野生动物的活动行为、生理行为及其与不同环境因素之间的关系，从而为我们更好地掌握野生动物的习性、科学管理野生动物提供信息支持。图11-12中显示出野猪一天中在低海拔天然林里活动最多，6：00—12：00最活跃；羚牛一天中最常出现在高海拔天然林里，16：00—18：00最活跃；川金丝猴一天中16：00—18：00最活跃；中华鬣羚18：00—次日6：00的夜间最活跃，为夜行性动物。

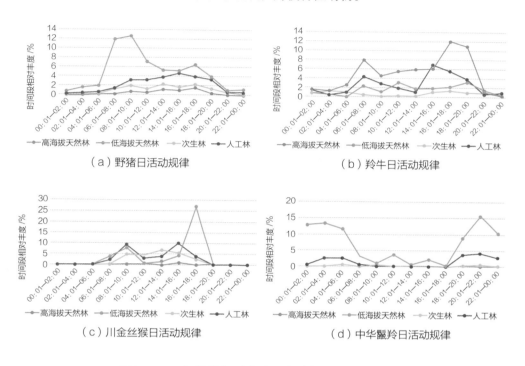

图11-12　红外相机对秦岭野生动物活动规律的监测

11.3.3　鸟类生境利用评价

对于更大空间迁移迁飞的野生动物，如鸟类，它所跨越的地表生境类型多样、覆盖面积大，当下存在一些非常好的技术可以帮助我们解决监测及研究问题，如谷歌地图系统、遥感影像系统、卫星GPS跟踪系统及GIS空间分析系统等。郭家良等利用卫星GPS跟踪豆雁的点位数据（含时间、经纬度及高度等信息）对豆雁的迁飞路径、飞行高度、地面停歇地点、停歇时间及停歇点的地表生境类型进行了全面研究。研究结果表明，该豆雁从江西鄱阳湖迁飞开始（2013年3月10日放飞），经过45天的飞行于2013年4月26日停止（卫星发回几次相同的位置信息），根据这个信息，借助网络传播及爱鸟人士的寻鸟行动终于找回了GPS跟踪器，也获知该鸟因腿部受伤而死于最后地点——山海关。根据GPS跟踪器的记录，该豆雁途经安徽、江苏、山东和天津等省市到达河北秦皇岛，迁徙总距离约1 500 km，有 5 个停歇地，两相邻停歇地之间的最短距离为20 km，最长距离为700 km，停留时间最短为1天，最长为14天，约68%的停歇位点地物类型为农田，飞行高度平均为距离地面15 m，最高为距离地面407 m。清华大学环境学院生态所团队之所以选择豆雁作为研究对象，是因为豆雁是禽流感病毒的潜在携带者，该物种在地面大量停留在农田里，结合我国农村喜将鸡鸭散养于农田中，这样就增加了野鸟（如豆雁）与家禽的接触机会，从而易引发家禽禽流感的爆发，进而影响人类健康。

11.3.4 水下生物监测

水体中的生物多样性监测可以通过声呐和影像两种方式进行，但远距离监测应用声呐比较合适。中科院武汉水生所王克雄团队应用A-tag（声学事件跟踪记录仪）和鱼探仪，在长江开展了实时监测江豚分布与鱼类资源及航行船舶分布之间的关系研究。鱼探仪监测数据表明，鱼类资源在非码头区域匮乏，而在码头区域比较丰富（图11-13）。

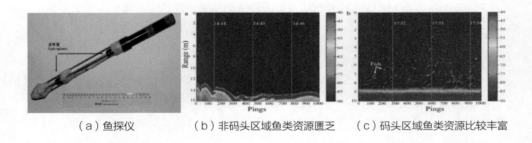

（a）鱼探仪　　　　　（b）非码头区域鱼类资源匮乏　　　（c）码头区域鱼类资源比较丰富

图11-13　遥感手段应用于实时监测江豚分布与鱼类资源及航行船舶分布之间的关系

（图片来源：Wang 等，2015）

11.4 本章结语

　　人类需要且有必要借助各种可能的科技手段，以获取各类有关生物多样性的信息数据，促进相关研究；遥感技术能力强大，生物多样性遥感监测是一个好的方法路径，可以广泛应用。既然是"遥感"，数据挖掘就很重要，需要深入开展研究，学科交叉、相互学习、取长补短、推陈出新。我们应该抓住新时代的大好时机，保护好生物多样性，为绿水青山的保护奠定夯实基础。

参 考 文 献

[1] He G, Yang H T, Pan R L, et al. Using unmanned aerial vehicles with thermal-image acquisition cameras for animal surveys: a case study on the Sichuan snub-nosed monkey in the Qinling Mountains. Integrative Zoology, 2020, 15：79-86. doi：10.1111/1749-4877.12410.

[2] Li S, McShea W J, Wang D J, et al. The use of infrared-triggered cameras for surveying phasianids in Sichuan Province, China [J]. IBIS, 2010, 152（2）：299-309.

[3] Liu X H, Wu P F, Cai Q, et al. Monitoring wildlife abundance and diversity with infrared camera traps in Guanyinshan Nature Reserve of Shaanxi Province, China [J]. Ecological Indicators, 2013, 33（10）：121-128.

[4] Liu X H, Wu P F, Shao X M, et al. Diversity and activity patterns of sympatric animals among four types of forest habitat in Guanyinshan Nature Reserve in the Qinling Mountains, China [J]. Environmental Science and Pollution Research, 2017, 24：16465-16477.

[5] Liu X H, Wu P F, Shao X M, et al. Spatiotemporal monitoring forest landscape for giant panda habitat through high learning-sensitive neural network in Guanyinshan Nature Reserve in the Qinling Mountains, China [J]. Environmental Earth Science, 2017, 76：589.

［6］ Trolle M，Kéry M. Estimation of Ocelot Density in the Pantanal Using Capture-Recapture Analysis of Camera-Trapping Data［J］. Journal of Mammalogy，2003，84（2）：607-614.

［7］ Wang K P，Wang T J，Liu X H. A review：individual tree species classification using LiDAR with a focus on urban environment［J］. Forests, 2019, 10（1）：1-18. doi：10.3390/f10010001.

［8］ Wang Kepu，Wang Teijun，Xuehua Liu. 2019. A review：individual tree species classification using LiDAR with a focus on urban environment［J］. Forests. 10（1）：1-18. doi：10.3390/f10010001.

［9］ Zhang C，Qiu F. Mapping individual tree species in an urban forest using airborne Lidar data and hyperspectral imagery［J］. Photogrammetric Engineering & Remote Sensing，2012，78（10）1079-1087.

［10］郭家良，刘雪华，杨萍，等. 鄱阳湖豆雁迁徙路线及沿途地物特征分析［J］. 动物学杂志，2015，50（2）：288-293.

［11］贾晓东，刘雪华，杨兴中，等. 利用红外相机技术分析秦岭有蹄类动物活动节律的季节性差异［J］. 生物多样性，2014，22（6）：737-745.

［12］李晟，王大军，肖治术，等. 红外相机技术在我国野生动物研究与保护中的应用与前景［J］. 生物多样性，2014，22（6）：685-695.

［13］刘雪华，Skidmore A K，Bronsveld M C. 集成的专家系统和神经网络应用于大熊猫生境评价［J］. 应用生态学报，2006，17（3）：438-443.

［14］刘雪华，吴燕. 大熊猫主食竹开花后叶片光谱特性的变化［J］. 光谱学与光谱分析，2012，32（12）：3341-3346.

［15］唐卓，杨健，刘雪华，等. 利用红外相机研究卧龙自然保护区绿尾虹雉的活动规律［J］. 四川动物，2017b，36（5）：582-587.

［16］唐卓，杨健，刘雪华，等. 基于红外相机技术对四川卧龙国家级自然保护区雪豹（Panthera uncia）的研究［J］. 生物多样性，2017a，25（1）：62-70.

［17］王科朴. 激光雷达在城市树种遥感分类中的应用：综述与德国案例分析［D］. 清华大学本科论文，2017.

［18］王长平，刘雪华，武鹏峰，等. 应用红外相机技术研究秦岭观音山自然保护区内野猪的行为和丰富度［J］. 兽类学报，2015，235（2）：147-156.

［19］武鹏峰，刘雪华，蔡琼，等. 红外相机技术在陕西观音山自然保护区兽类监测研究中的应用［J］. 兽类学报，2017，32（1）：67-71.

［20］肖治术，李欣海，姜广顺. 红外相机技术在我国野生动物监测研究中的应用［J］. 生物多样性，2014，22（6）：683-684.

［21］赵翔宇. 秦岭不同自然生境下野生动物的生境选择与活动规律研究［D］. 北京：清华大学，2018.